Jihen Elkhaldi
Lotfi Bouslimi
Mohamed Najeh Lakhoua

Modelação e gestão inteligente da energia

Jihen Elkhaldi
Lotfi Bouslimi
Mohamed Najeh Lakhoua

Modelação e gestão inteligente da energia

ScienciaScripts

Imprint

Cover image: www.ingimage.com

This book is a translation from the original published under ISBN 978-620-6-71468-2.

Publisher:
Sciencia Scripts
is a trademark of
Dodo Books Indian Ocean Ltd. and OmniScriptum S.R.L publishing group

120 High Road, East Finchley, London, N2 9ED, United Kingdom
Str. Armeneasca 28/1, office 1, Chisinau MD-2012, Republic of Moldova, Europe
Printed at: see last page
ISBN: 978-620-8-11426-8

Modelação e gestão inteligente da energia

Jihen Elkhaldi
Lotfi Bouslimi
Mohamed Najeh Lakhoua

202 4 de junho

PREFÁCIO

A rápida industrialização das últimas décadas e a proliferação de aparelhos electrodomésticos (aquecimento, ar condicionado, lavagem de roupa, aparelhos médicos, informáticos, etc.) conduziram a uma enorme procura mundial de eletricidade. Atualmente, mais de 2 mil milhões de pessoas não têm acesso à eletricidade, devido a uma economia frágil, a infra-estruturas pesadas e dispendiosas, a zonas de difícil acesso e a povoações dispersas [1].

2 Além disso, as emissões globais de gases com efeito de estufa aumentaram 30% desde 1990 e o consumo de energia é responsável por cerca de dois terços das emissões globais de CO [2].

Consequentemente, a maioria dos Estados adoptou resoluções destinadas a combater o problema do esgotamento das reservas de combustíveis fósseis no futuro (estratégia "Europa 20-20-20", em 2009, a UE fixou o objetivo de aumentar a percentagem de energias renováveis no seu consumo de energia para 20% até 2020), a reduzir as emissões de gases com efeito de estufa e de gases poluentes (Protocolo de Quioto: Este protocolo tem por objetivo reduzir, através de compromissos juridicamente vinculativos, as emissões de seis gases com efeito de estufa: dióxido de carbono, metano, óxido nitroso e três substitutos dos clorofluorocarbonetos, em pelo menos 5% em relação aos níveis de 1990) e equilibrar a procura crescente de potencial energético.

Para responder a estes desafios, a utilização das chamadas fontes de energia verde, que protegem o ambiente, tornou-se uma alternativa essencial para o desenvolvimento sustentável [3].

É verdade que a produção de energia renovável (ER) sempre existiu nas redes de distribuição, mas a sua presença nunca foi numa escala significativa para ter um impacto na operação da rede. Hoje, porém, a situação começa a mudar, com a produção descentralizada de eletricidade a aumentar de ano para ano [4].

No entanto, a sua integração nas redes convencionais levanta outros problemas:

As tecnologias de energias renováveis dependem das condições climatéricas e sofrem de um grande inconveniente: a sua intermitência. Para ultrapassar esta limitação, a utilização de sistemas híbridos que combinam múltiplas fontes, tais como sistemas de energias renováveis, a rede nacional de distribuição (rede eléctrica histórica), fontes de energia convencionais e sistemas de armazenamento, é geralmente considerada uma solução eficiente e fiável para o futuro [5].

A maioria das redes eléctricas actuais tem de evoluir para apoiar a transição para um sistema energético baseado em energias renováveis [6]. As redes inteligentes (Smart Grids - SG) são essenciais para esta transição para um cabaz energético cada vez mais renovável e para controlar o aumento da procura de energia.

Uma rede inteligente é constituída por um grande número de entidades em interação. Adapta-se a pressões externas ou internas para manter a sua funcionalidade, apresentando uma complexidade a várias escalas, tanto no espaço como no tempo. Uma modelação adequada é essencial para prever, analisar, discutir e predizer, se possível, o comportamento do sistema, a fim de determinar o modelo ideal.

Os desafios das redes inteligentes estão ligados, por um lado, à sua complexidade e, por outro, à heterogeneidade dos actores envolvidos, com os seus interesses divergentes [7]. Isto torna a gestão dos fluxos de energia extremamente complexa. É portanto necessário desenvolver algoritmos adaptados a estes problemas, a fim de otimizar a gestão da energia, garantir o bom funcionamento do sistema e assegurar uma qualidade contínua aos consumidores.

Este livro começa com uma breve análise dos impactos das alterações climáticas e do contexto energético global. Em seguida, apresenta um estado geral da arte sobre sistemas híbridos, incluindo as suas composições, arquitecturas, objectivos e alguns resultados da revisão da literatura.

No segundo capítulo, é introduzido o conceito de microrredes, com uma discussão sobre as diferentes arquitecturas e os seus principais objectivos. É também apresentada uma revisão detalhada da literatura sobre Redes Eléctricas Inteligentes, abrangendo as suas arquitecturas, vários domínios, objectivos e concluindo com uma lista de investigação sobre Redes Eléctricas Inteligentes.

O terceiro capítulo oferece uma exploração aprofundada dos diferentes métodos de modelação utilizados neste domínio, destacando as suas vantagens, desvantagens e áreas de aplicação específicas. É também apresentada uma classificação pormenorizada, permitindo aos leitores compreender melhor a diversidade e o âmbito das abordagens disponíveis para a modelação de sistemas energéticos complexos.

Finalmente, o último capítulo é dedicado a uma análise aprofundada das técnicas de gestão óptima da energia. Este capítulo examina os métodos e algoritmos utilizados para maximizar a eficiência energética, minimizar os custos e otimizar o desempenho dos sistemas energéticos.

Índice

Capítulo 1:

Para um cabaz energético ótimo: o papel fundamental dos sistemas energéticos híbridos

Capítulo 1: Para um cabaz energético ótimo: o papel fundamental dos sistemas energéticos híbridos

1. Introdução

$_2$É necessário um ajustamento na utilização da eletricidade para limitar as emissões de CO, preservar o efeito de estufa, limitar a poluição, combater as alterações climáticas e reforçar a segurança energética.

A utilização de energias naturais renováveis, consideradas inesgotáveis e limpas, oferece a melhor solução para todos estes problemas ambientais.

É preciso notar, antes de mais, que a maior parte destas energias verdes está sujeita aos caprichos da natureza. É por isso que a utilização de sistemas híbridos que combinam várias fontes é vista por todos como uma solução para o futuro.

O primeiro capítulo começa com uma breve panorâmica dos impactos das alterações climáticas e do contexto energético mundial. Isto dá-me uma imagem mais clara dos desafios que enfrentamos e da necessidade de soluções inovadoras.

Em seguida, apresento uma panorâmica geral dos sistemas energéticos híbridos. Examino em pormenor a sua composição, arquitetura e principais objectivos. Esta análise aprofundada destaca as principais vantagens destes sistemas híbridos, que combinam judiciosamente diferentes fontes de energia renováveis e convencionais.

Esta introdução, simultaneamente contextual e técnica, lança as bases para a compreensão do papel central dos sistemas híbridos na próxima transição energética. Prepara o terreno para os capítulos seguintes, que se debruçarão sobre aspectos específicos destas tecnologias promissoras.

2. Contextos energéticos e energias renováveis

A situação energética mundial está em constante evolução, marcada por questões ambientais, económicas e geopolíticas. O consumo mundial de energia continua a crescer à medida que a população mundial aumenta e as economias emergentes se expandem. No entanto, este crescimento é também acompanhado por uma necessidade crescente de ter em conta os impactos ambientais, como as alterações climáticas, a poluição atmosférica e a crescente escassez de recursos naturais. A segurança energética tornou-se uma questão importante para muitos países, que procuram diversificar o seu aprovisionamento energético para reduzir a sua dependência de uma única fonte de energia. Todos estes factores contribuíram para uma crescente sensibilização para a importância da transição para fontes de energia mais limpas e sustentáveis, como a energia solar, eólica, hidroelétrica e geotérmica. Estas energias, conhecidas como energias renováveis (ER), estão a expandir-se rapidamente e oferecem soluções potenciais para estes problemas ambientais, mas representam ainda uma pequena proporção da produção total de energia, o que coloca uma maior pressão sobre os recursos energéticos mundiais e levanta questões sobre a sustentabilidade a longo prazo do aprovisionamento energético.

Globalmente, o contexto energético mundial é complexo e está em constante evolução, com desafios a enfrentar para garantir a produção e o consumo sustentáveis de energia para as gerações actuais e futuras, preservando simultaneamente o ambiente.

2.1.Contexto energético mundial

O aumento da população, a corrida ao crescimento e o desenvolvimento de uma economia globalizada foram acompanhados por uma explosão do consumo de energia desde os anos 60, em especial de eletricidade [4].

De acordo com a AIE (Agência Internacional da Energia), a procura mundial de eletricidade aumentou 4% em 2018 para mais de 23 000 TWh, contribuindo para um crescimento de 20% no consumo final total de energia [9].

A figura abaixo mostra que os combustíveis fósseis, como o carvão, o gás natural e o petróleo, são as principais fontes de produção de eletricidade a nível mundial.

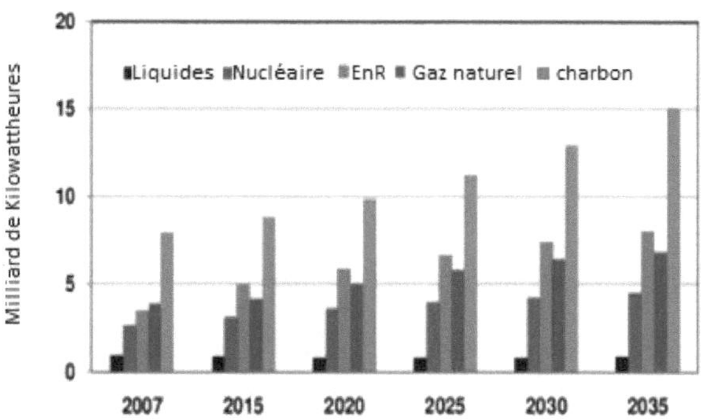

Figura 1Produção líquida de eletricidade a nível mundial, 2007-2035 [10]

No entanto, o consumo de combustíveis fósseis está a conduzir a uma potencial crise energética no futuro, uma vez que estes estão a esgotar-se e a procura irá em breve ultrapassar a capacidade de produção. Este facto torna o futuro perigosamente frágil com este tipo de energia limitada. Além disso, os combustíveis fósseis produzem emissões de gases com efeito de estufa (GEE), que contribuem para o aquecimento global.

$_2$A partir da Figura 2, podemos deduzir que, dentro de 20 anos, o orçamento global para as emissões de CO relacionadas com a energia estará esgotado, tornando possível manter o aquecimento global abaixo dos 2°C.

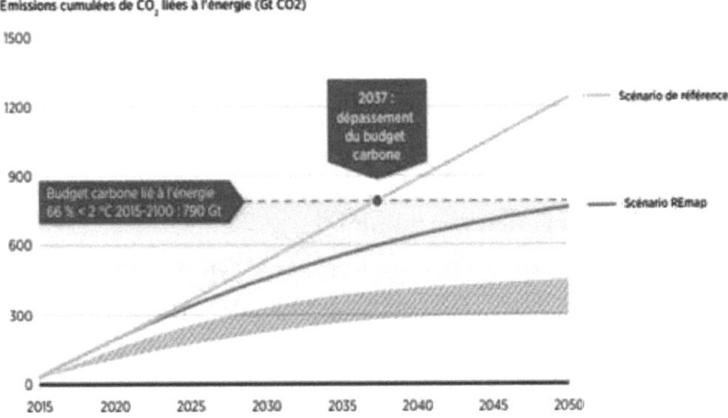

Figura 2Emissões e défice de emissões, 2015-2050 [11].

Um relatório especial do IPCC (Painel Intergovernamental sobre as Alterações Climáticas) mostrou o impacto de um aumento de 1,5°C da temperatura nos sistemas naturais e humanos e analisou a ameaça das alterações climáticas [12].

Para resolver estas questões, muitos países e regiões tomaram iniciativas fortes para aumentar a sua eficiência energética e a capacidade de produção de energia renovável. Verificou-se um aumento acentuado dos acordos internacionais e dos planos de ação nacionais no domínio da energia.

Na Conferência das Nações Unidas sobre o Ambiente e o Desenvolvimento (CNUAD), realizada no Rio de Janeiro em 1991, cento e cinquenta países assumiram compromissos no âmbito da Agenda 21, sublinhando a importância da energia no desenvolvimento sustentável.

1997: O Protocolo de Quioto é um acordo internacional sobre as alterações climáticas adotado na Conferência das Partes da Convenção-Quadro das Nações Unidas sobre as Alterações Climáticas (UNFCCC). $_2$O principal objetivo do Protocolo de Quioto era reduzir as emissões de gases com efeito de estufa (GEE) dos países industrializados, em especial as emissões de dióxido de carbono (CO), a fim de limitar o aquecimento global e os seus efeitos nocivos. Os países signatários comprometeram-se a reduzir coletivamente as suas emissões de GEE em, pelo menos, 5% em relação aos níveis de 1990.

Em 1998, o Programa das Nações Unidas para o Desenvolvimento (PNUD), o Departamento de Assuntos Económicos e Sociais das Nações Unidas (UNDESA) e o Conselho Mundial da Energia (WEC) iniciaram a preparação do Relatório Mundial da Energia.

^{ième} Em 2001, a 9ª sessão da Comissão das Nações Unidas para o Desenvolvimento Sustentável (CDS-9) debateu as relações entre a atmosfera e a energia, e entre a energia e os transportes.

Em 2009: a diretiva europeia relativa às energias renováveis tem como objetivo aumentar a quota das energias renováveis no consumo de energia da União Europeia para 20% até 2020.

Em 2015, o Protocolo de Quioto foi substituído pelo Acordo de Paris, que tem por objetivo limitar o aquecimento global a menos de 2°C acima dos níveis pré-industriais.

Em 2015, as Nações Unidas adoptaram os Objectivos de Desenvolvimento Sustentável (ODS), que visam erradicar a pobreza, proteger o planeta e promover a prosperidade para todos. Os ODS incluem objectivos específicos relacionados com a luta contra as alterações climáticas e a utilização de energias renováveis.

Em 2018: foi adoptada a Diretiva da UE relativa às energias renováveis, que estabelece um objetivo vinculativo de 32% de energias renováveis no consumo final bruto de energia da UE até 2030. A diretiva também exige que os Estados-Membros promovam a utilização de fontes de energia renováveis, como a energia solar, a energia eólica e a energia hídrica, e incentivem a eficiência energética.

Impulsionadas por estas exigências e motivações, as fontes de energia renováveis (FER) estão a ser promovidas para tornar a produção de energia mais fiável, rentável e respeitadora do ambiente. O crescimento das fontes de energia renováveis, como a hidroeletricidade, a energia eólica, a energia solar, a energia geotérmica, a bioenergia, etc., acelerou na última década.

2.2. Energias renováveis

2.2.1. Contextos RE

As energias renováveis são fontes de energia produzidas a partir de recursos naturais que se renovam constantemente, como a luz solar, o vento, a água, a energia geotérmica e a biomassa. Ao contrário dos combustíveis fósseis, como o carvão e o petróleo, que são recursos finitos, as energias renováveis podem ser utilizadas de forma sustentável sem esgotar os recursos naturais. São vistas como alternativas mais sustentáveis e amigas do ambiente aos combustíveis fósseis, que são finitos e contribuem para o aquecimento global.

A nível mundial, as energias renováveis provêm de seis fontes distintas. A hidroeletricidade é a principal fonte, com uma contribuição de 82,9%. A biomassa é a segunda fonte, com 6,3%. Seguem-se a energia eólica (8,3%), a energia geotérmica (1,6%), a energia solar, que inclui as centrais fotovoltaicas e térmicas (0,2%), e a energia marinha (0,01%) [13].

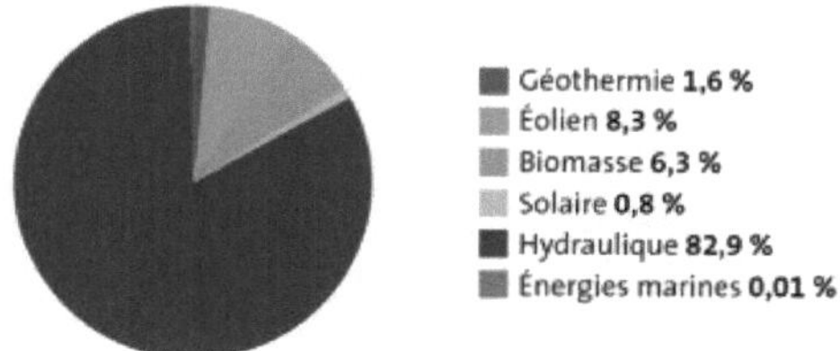

Figura 3Estrutura da produção de eletricidade a partir de fontes renováveis [14].

De acordo com a Agência Internacional para as Energias Renováveis (IRENA), no período 2009-2018, a capacidade das ER duplicou, tendo sido acrescentados 1221 gigawatts (GW) de ER ao sistema elétrico mundial [12].

A Figura 4 mostra o crescimento da capacidade de produção renovável. Em 2018, a energia solar continua a dominar, tal como em 2017, com um aumento da capacidade de

94 GW (+24%). Segue-se a energia eólica com um aumento de 49 GW (+10%) e a capacidade hidroelétrica com um aumento de 21 GW (+2%) [15].

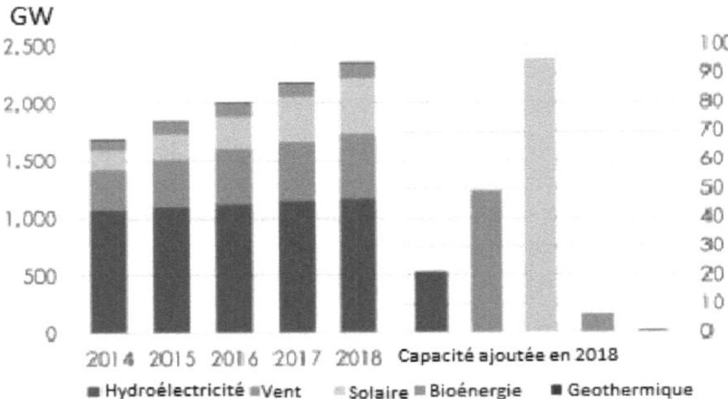

Figura 4Crescimento da capacidade mundial de ER [12].

A figura 5 mostra a quota de energias renováveis no CTEF (%) e a sua projeção para as próximas duas décadas. A quota total de energias renováveis deve atingir dois terços até 2050 para que os objectivos climáticos sejam cumpridos.

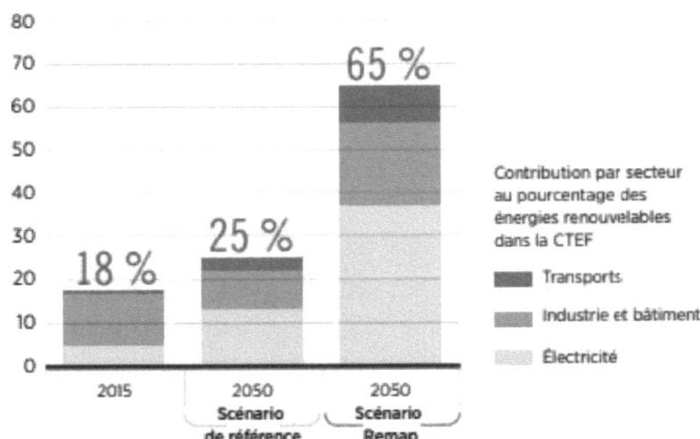

Figura 5Quota de energias renováveis no CTEF (%) [11].

2.2.2. Desafios RE

As energias renováveis oferecem muitas vantagens, nomeadamente em termos de sustentabilidade ambiental e de redução das emissões de gases com efeito de estufa. No entanto, também apresentam uma série de desafios:

- Intermitência: As fontes de energia renováveis, como a solar e a eólica, caracterizam-se pela sua natureza intermitente, o que significa que não fornecem uma produção constante de eletricidade. Este facto sublinha a importância das soluções de armazenamento de energia para garantir um fornecimento fiável de eletricidade.

- Custos elevados: Embora os custos das tecnologias de produção de energias renováveis tenham diminuído consideravelmente nos últimos anos, continuam a ser frequentemente mais elevados do que os dos combustíveis fósseis.
- Impacto ambiental: As tecnologias de produção de energias renováveis têm um impacto ambiental diferente do dos combustíveis fósseis. Embora emitam muito menos gases com efeito de estufa, algumas energias renováveis, como a produção de energia solar em grande escala, podem ter impactos ambientais nos ecossistemas locais e nos habitats naturais.
- Utilização do solo: os projectos de energias renováveis exigem frequentemente grandes instalações terrestres ou marítimas, o que pode ter um impacto na utilização da terra e do mar.
- Dependência das condições climatéricas: As fontes de energia renováveis dependem frequentemente das condições climatéricas, o que pode limitar a sua utilização em determinadas zonas geográficas.
- Constrangimentos a nível das infra-estruturas: as redes eléctricas têm de ser concebidas e actualizadas para integrar as energias renováveis intermitentes, o que pode ser dispendioso e exige um planeamento a longo prazo.

Para incentivar ainda mais a integração das energias renováveis e responder ao desafio da energia variável e não garantida, uma abordagem baseada no acoplamento de diferentes fontes de abastecimento e na formação de um sistema híbrido oferece uma solução promissora.

3. Sistemas híbridos energia eléctrica

A integração das energias renováveis nas redes de eletricidade desempenha um papel essencial na realização dos objectivos de redução das emissões de gases com efeito de estufa, de melhoria da segurança energética e de redução dos custos da eletricidade. No entanto, é igualmente importante garantir a estabilidade e a fiabilidade da rede eléctrica.

$_2$Estas fontes de energia renováveis têm grandes vantagens, incluindo sustentabilidade, baixas emissões de CO e benefícios económicos. No entanto, a maioria destas fontes de energia comporta-se de forma intermitente, em resultado direto das condições meteorológicas. No entanto, a influência da sua natureza intermitente pode ser reduzida através do acoplamento de duas ou mais fontes renováveis ou com outras fontes convencionais, para injeção na rede ou para alimentar uma carga isolada [16].

3.1. Definições

Um sistema híbrido (HS) é um sistema que combina duas ou mais tecnologias, fontes de energia ou métodos de funcionamento diferentes para atingir um objetivo comum. Em geral, os HS procuram combinar os benefícios de cada tecnologia ou fonte de energia para criar um sistema mais eficiente, eficaz e económico.

Um sistema híbrido de energia (HIS) é um sistema elétrico que inclui mais do que uma fonte de energia, pelo menos uma das quais é renovável. O HES pode incluir um dispositivo de armazenamento. De um ponto de vista mais global, o sistema de energia de um determinado país pode ser considerado como um SSI. [17], [18], [19].

A Figura 6 mostra a arquitetura geral de um sistema energético híbrido multi-fontes.

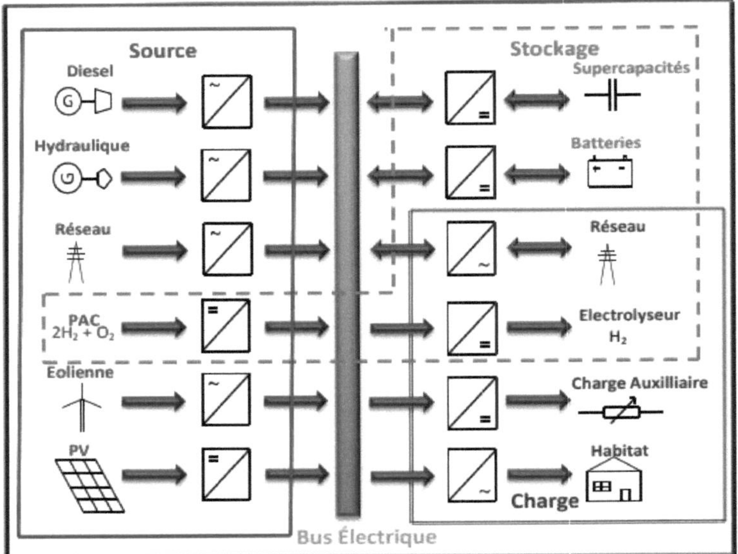

Figura 6Diagrama geral de um sistema energético híbrido multi-fontes: cargas e armazenamento [20].

As SH oferecem muitas vantagens e estão a tornar-se cada vez mais importantes para satisfazer as necessidades energéticas actuais e futuras.

3.2.Componentes SHE

Os principais componentes de um SHE dependem da aplicação, mas podem incluir :

- Fontes de energia: fornecem a energia necessária para o funcionamento do sistema. Existem fontes de energia renováveis (gerador fotovoltaico, turbina eólica, gerador hidráulico, etc.) e fontes convencionais (gerador a gasóleo, bateria, etc.).
- Sistema de armazenamento de energia: um dispositivo de armazenamento é um elemento essencial num sistema multi-fontes. Sem ele, a autonomia do sítio não pode ser garantida. Este dispositivo actua como um reservatório de energia quando as fontes produzem um excedente e liberta-a quando as fontes não produzem o suficiente. Mas para além deste aspeto de reservatório de energia, um dispositivo de armazenamento é essencial para equilibrar a potência numa rede eléctrica [12]. Existem várias tecnologias e tipos de armazenamento, tais como baterias, supercapacitores, células de combustível, etc.
- Sistema de conversão de energia: converte a energia produzida pelas fontes de energia numa forma que pode ser utilizada para a aplicação. Os conversores comuns incluem rectificadores (conversão AC/DC para carregar baterias), inversores (conversão DC para AC) e choppers (conversão DC/DC para igualar a tensão entre duas fontes).

- Sistema de gestão da energia: gere o fornecimento e a distribuição de energia no SH. Pode incluir dispositivos de controlo de carga, controladores de carga, controladores de potência, sensores, sistemas de monitorização, etc.
- Sistema de distribuição de energia: distribui a energia produzida pelas fontes de energia e armazenada nos sistemas de armazenamento de energia às cargas. Cabos, interruptores, disjuntores, transformadores, redes de distribuição eléctrica, etc. são exemplos de componentes utilizados nos sistemas de distribuição de energia.
- Carga: num HS, a carga refere-se à procura de energia da aplicação que utiliza o sistema. Esta carga torna a energia eléctrica útil, é variável e depende da aplicação. Num SHE, o sistema de gestão de energia monitoriza a carga e seleciona as fontes de energia adequadas para satisfazer a procura de energia.

3.3.Estudo das diferentes estruturas da SHE

São efectuadas várias classificações de SHE de acordo com o critério escolhido. De seguida, apresentamos as classificações mais populares.

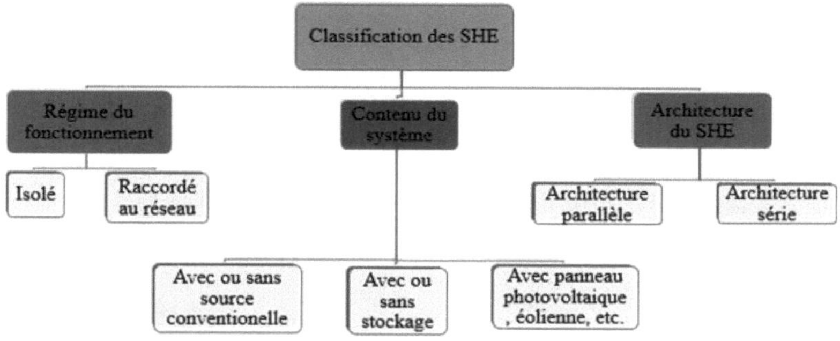

Figura 7Classificação de SHE

Nesta secção, escolhemos os painéis fotovoltaicos e as turbinas eólicas como fontes de energia renováveis e as baterias para armazenamento.

3.3.1. SHE ligado à rede

Um SHE ligado à rede é um sistema de energia que combina várias fontes de energia para satisfazer as necessidades energéticas de uma comunidade enquanto está ligado à rede eléctrica nacional.

A maioria dos SH ligados à rede não tem dispositivos de armazenamento. No entanto, em alguns sistemas ligados a uma rede "fraca", são introduzidas unidades de armazenamento para reforçar a rede em caso de falha [20].

A energia produzida por fontes renováveis é utilizada localmente para satisfazer as necessidades energéticas da comunidade, enquanto a energia excedente é alimentada na rede nacional. Em caso de défice energético, a comunidade pode recorrer à eletricidade da rede nacional.

Os benefícios de uma SHE ligada à rede incluem uma maior flexibilidade na gestão da produção e distribuição de energia, uma menor dependência dos combustíveis fósseis, menores custos de transporte de combustível, menos emissões de gases com efeito de estufa e uma maior segurança energética e resiliência em caso de catástrofe natural ou de perturbação da rede eléctrica nacional.

No entanto, a sua aplicação pode exigir investimentos significativos nas infra-estruturas e tecnologias necessárias para integrar eficazmente diferentes fontes de energia e gerir a produção e distribuição de eletricidade.

3.3.2. SHE autónomo

Um SHE autónomo funciona completamente isolado da rede pública. É um sistema energético que combina diferentes fontes de energia para satisfazer as necessidades energéticas de uma comunidade ou de uma área geográfica isolada.

O papel das fontes complementares é ajudar as fontes principais, suprindo o défice de energia renovável produzida. As baterias podem também ser utilizadas para armazenar a energia renovável excedentária e libertá-la quando necessário [16].

A SHE isolada é geralmente utilizada em zonas remotas onde a ligação à rede nacional é impossível ou demasiado dispendiosa. Também pode ser utilizado em zonas onde o fornecimento de energia é intermitente ou inadequado. O SHE isolado pode ser concebido para satisfazer as necessidades energéticas da comunidade de forma autónoma, dependendo das fontes de energia disponíveis localmente.

A maior parte dos sítios isolados, sejam eles mineiros ou comunitários, possuem bons recursos eólicos e solares [21].

A figura 8 mostra um exemplo típico de uma unidade de produção híbrida autónoma que combina duas fontes de energia, eólica e solar, com um sistema de armazenamento de energia.

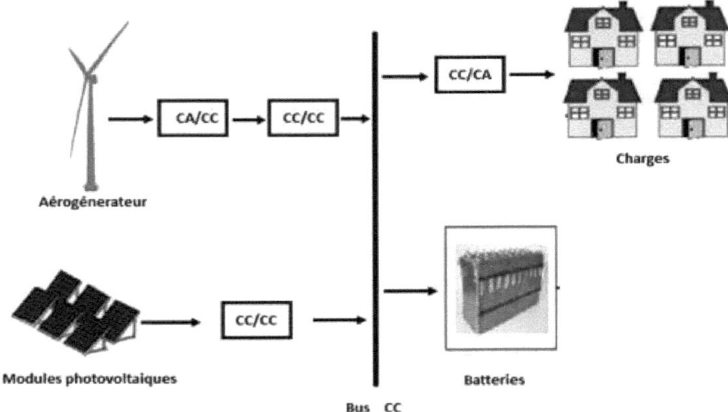

Figura 8Exemplo de uma configuração SHE dedicada a um sítio isolado

3.3.3. SHE com fonte convencional

Num HS com uma fonte convencional, uma fonte de energia convencional é combinada com uma fonte de energia renovável.

A principal vantagem de um SHE com uma fonte convencional é que pode fornecer energia fiável e estável mesmo quando a fonte de ER não está disponível ou é insuficiente. Isto pode ser particularmente importante em regiões onde as fontes de energia renováveis são intermitentes ou pouco fiáveis devido às condições meteorológicas variáveis.

No entanto, as fontes de energia convencionais têm impactos ambientais significativos, incluindo emissões de gases com efeito de estufa, poluentes atmosféricos e resíduos perigosos. Para minimizar estes impactes, é importante escolher fontes de energia convencionais que sejam tão limpas quanto possível e maximizar a utilização das fontes de energia renováveis disponíveis.

3.3.4. SHE sem fonte convencional

Estas PCH funcionam principalmente em modo autónomo em locais onde o abastecimento de gasóleo ou a ligação à rede eléctrica é difícil ou mesmo impossível [22].

Além disso, um SHE não convencional pode também incluir baterias de armazenamento de energia para armazenar a energia produzida durante os períodos de produção excedentária e libertá-la quando a procura é elevada.

Este tipo de sistema tem muitas vantagens, incluindo a redução da dependência de combustíveis fósseis, custos operacionais mais baixos a longo prazo, menos emissões de gases com efeito de estufa e a criação de empregos locais no sector das energias renováveis.

No entanto, é importante notar que a criação deste sistema requer um planeamento cuidadoso e conhecimentos técnicos especializados. É igualmente importante ter em conta as condições ambientais e geográficas locais para determinar os sistemas de energias renováveis mais adequados a cada situação.

3.3.5. SHE com arrumação

A interconexão do dispositivo de armazenamento com as fontes de energia pode servir dois objectivos possíveis: ou como tampão quando o sistema está a funcionar em paralelo com a rede eléctrica, caso em que o dispositivo pode ser utilizado para atenuar as variações rápidas de potência, ou como dispositivo de armazenamento autónomo a longo prazo para abastecer o consumidor quando a produção de energia diminui [22].

A energia é frequentemente armazenada através de baterias, electrolisadores com reservatórios de hidrogénio, reservatórios de água quente, etc.

A principal vantagem de um sistema híbrido de energia com armazenamento é o facto de proporcionar um fornecimento de energia fiável e constante, mesmo quando as fontes de energia renováveis são intermitentes.

3.3.6. SHE com arquitetura em série

Um SHE com arquitetura em série é um sistema que utiliza diferentes fontes de energia renováveis em série para satisfazer as necessidades energéticas. Neste tipo de sistema, as fontes de energia são ligadas em série, de modo a que a energia produzida por uma fonte alimente a seguinte.

Existem duas configurações nesta arquitetura: uma configuração de barramento DC e uma configuração de barramento AC.

3.3.6.1. Configuração do barramento CC

Numa configuração em série, cada fonte é ligada individualmente a um barramento de corrente contínua utilizando conversores electrónicos de potência adequados, como mostrado anteriormente na Figura 8.

O sistema pode alimentar cargas CA ou ser ligado à rede através de um inversor (conversor CC/CA).

Para sistemas de baixa potência, o problema da regulação da frequência é insignificante. No entanto, para sistemas de média e alta potência, a regulação da tensão do barramento CC continua a ser particularmente difícil [23].

As vantagens desta estrutura podem ser resumidas da seguinte forma:

- Maior eficiência energética: esta configuração permite uma conversão mais eficiente da energia renovável em energia utilizável. Isto deve-se ao facto de as perdas de energia devidas à conversão de energia em corrente alternada serem reduzidas, permitindo que as ER sejam utilizadas de forma mais eficiente.
- Um sistema de controlo mais simples,
- Menos ruído eletromagnético: a topologia de barramento CC pode reduzir o ruído eletromagnético gerado pelo sistema. Isto pode ser particularmente importante em aplicações sensíveis ao ruído eletromagnético, como os sistemas de comunicação.
- Graças ao inversor, a carga pode ser alimentada com a tensão e a frequência corretas.

Embora esta configuração ofereça muitas vantagens, há também algumas desvantagens a considerar [16] :

- A eficiência de todo o sistema é relativamente baixa devido a perdas nos conversores, em particular.
- O inversor não pode funcionar em paralelo com a fonte convencional.
- Um problema no inversor pode causar um corte total de energia.

3.3.6.2. Configuração do barramento CA

Uma arquitetura de barramento CA é uma topologia que utiliza uma rede de distribuição de energia CA para distribuir a energia produzida por diferentes fontes de energia, incluindo as energias renováveis e as fontes de energia convencionais. Nesta arquitetura, a energia produzida pelas fontes de energia renováveis é geralmente convertida em corrente alternada por inversores antes de ser distribuída na rede de distribuição.

As baterias estão ligadas ao barramento AC através de um conversor bidirecional. As cargas DC também podem ser alimentadas a partir das baterias.

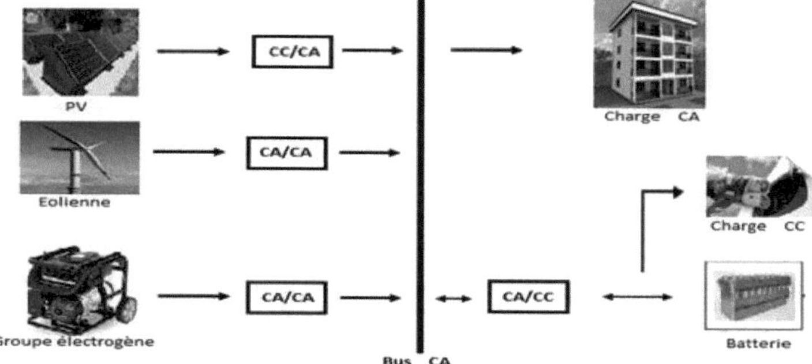

Figura 9Exemplo de uma configuração de SHE de barramento CA

A seleção desta configuração é adequada porque permite a alimentação direta de tensão CA e garante uma alimentação contínua da carga.

No entanto, a desvantagem reside na dificuldade de impor a frequência e a amplitude da tensão do barramento e de as adaptar à carga, bem como de sincronizar todos os módulos da rede. Além disso, é necessário trabalhar para modelar a potência do barramento. Por conseguinte, esta arquitetura é mais adequada a grandes redes com os recursos logísticos necessários [24].

3.3.7. SHE com arquitetura paralela

A configuração em paralelo utiliza dois barramentos: um barramento CC ao qual estão ligadas as fontes CC (bateria e painéis fotovoltaicos) e um barramento CA ao qual estão ligadas as fontes CA (turbina eólica, gerador diesel, etc.) e a carga. Os dois barramentos são ligados através de um conversor bidirecional [16].

A arquitetura de um sistema deste tipo é apresentada na figura 10.

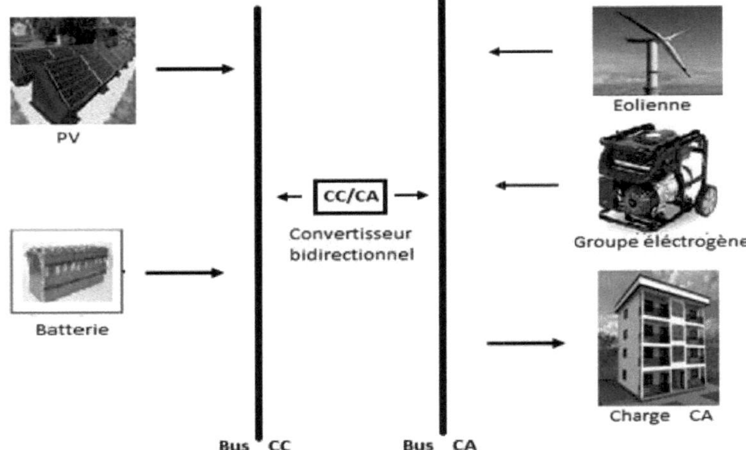

Figura 10Exemplo de uma configuração SHE de arquitetura paralela

Esta estrutura mista combina as vantagens das estruturas de barramento AC e DC. Nesta configuração, as fontes de energia ou as cargas eléctricas podem ser ligadas diretamente ao barramento com ou sem a interface de potência. Como resultado, o sistema alcançará maior eficiência energética a um custo mais baixo. No entanto, o controlo e a gestão da energia nesta configuração híbrida são mais complexos do que nas configurações convencionais de corrente contínua ou alternada [25].

O conversor bidirecional funciona quer em modo retificador, quando o gerador diesel cobre totalmente a procura de carga e ajuda a carregar a bateria, quer em modo inversor, quando a carga é fornecida pelos painéis e/ou baterias. Desta forma, a carga pode ser fornecida por ambos os barramentos simultaneamente [26].

Este sistema pode oferecer uma série de vantagens, tais como

- Ao utilizar dois barramentos diferentes, o SH pode melhorar a fiabilidade e disponibilidade do sistema. Se um barramento falhar, o outro pode continuar a fornecer energia para manter o sistema a funcionar.
- Reduzir o número de conversores.
- Um problema com um conversor não leva à interrupção da alimentação eléctrica da carga.
- Os sistemas são capazes de satisfazer simultaneamente o consumo de corrente contínua e de corrente alternada.

3.4.Investigação sobre HS

Tendo em conta o que precede, é fácil imaginar a variedade de estudos disponíveis sobre o SH.

Os investigadores V. Sark et al, (2004) [27] estudaram um SH, constituído por painéis fotovoltaicos e um gerador a gasóleo, nas Maldivas, onde o potencial solar é elevado. O objetivo destes sistemas, quando operam em modo autónomo, é fornecer uma carga alvo sem interrupção.

A adição de dispositivos de armazenamento é imperativa nesta arquitetura, tal como indicado no artigo dos investigadores A. Adiyabat et al (2004) [28] apresentaram uma análise técnico-económica do CC para aldeias rurais na Mongólia e compararam os diferentes tipos com base no custo atual líquido e no custo da eletricidade para cada caso de modelo de carga em aldeias da região de Gobi. Como resultado, verificaram que o sistema de produção a gasóleo existente era o melhor, mesmo com custos de combustível elevados em todos os casos de modelos de carga.

Muitos investigadores indicam que os SH fotovoltaicos/diesel/bateria são fontes de energia fiáveis e representam um compromisso economicamente aceitável entre o elevado custo dos sistemas fotovoltaicos autónomos e o da operação e manutenção com o custo do combustível para os geradores. Este tipo de sistema energético é conhecido por ser uma das soluções mais económicas para satisfazer as necessidades energéticas de regiões remotas [5].

Os investigadores R. Abhinav et al. (2016) [29] estudaram SHs em que a turbina eólica constitui uma fonte primária de energia, tendo abordado separadamente questões relevantes para a gestão da energia ativa e reactiva para atenuar as flutuações. Apresentaram uma panorâmica das diferentes estratégias de controlo e tecnologias de baterias aplicáveis a cada problema. Estes tipos de sistemas são normalmente utilizados em ilhas, onde os ventos marítimos favorecem a utilização da energia eólica para a produção de eletricidade.

Os investigadores A. Mahesh et al. (2015) [30] discutiram SHEs fotovoltaicos/eólicos com armazenamento de baterias, explicaram a exploração de tais sistemas híbridos de energia para melhorias adicionais em termos de conceção, análise e integração destes sistemas na rede eléctrica.

A utilização de um SH fotovoltaico/eólico/diesel pode ser mais fiável para satisfazer a procura de eletricidade em zonas remotas do que os sistemas fotovoltaicos/eólicos isolados [31], [32].

Os investigadores A. Haghighat Mamaghani et al. (2015) [33] analisaram a aplicação de painéis fotovoltaicos (PV), turbinas eólicas e geradores a diesel na produção autónoma de energia híbrida num sistema de eletrificação rural em três aldeias fora da rede na Colômbia com diferentes caraterísticas climáticas. As áreas foram selecionadas de acordo com o "Plano de Desenvolvimento de Fontes de Energia Não Convencionais" da Colômbia. Em primeiro lugar, foram modeladas e optimizadas diferentes combinações de geradores eólicos, fotovoltaicos e a diesel para determinar a configuração mais eficiente em termos energéticos e de custos para cada local. O software HOMER foi utilizado para realizar uma viabilidade técnico-económica das PCHs propostas, tendo em conta o custo atual líquido, o custo inicial do capital e o custo da energia como indicadores económicos.

Muitos investigadores indicam que os sistemas fotovoltaicos/eólicos/gasóleo/bateria SH são fontes de energia fiáveis e representam um compromisso economicamente aceitável entre o elevado custo dos sistemas fotovoltaicos autónomos e o custo de operação e manutenção com o custo do combustível para os geradores. Este tipo de sistema energético é conhecido por ser uma das soluções mais económicas para satisfazer as necessidades energéticas de regiões remotas [34].

4. Conclusões

Os sistemas energéticos híbridos desempenham um papel importante na transição para um futuro energético mais sustentável e eficiente. Ao integrarem estrategicamente várias fontes de energia renováveis e tradicionais, bem como tecnologias de armazenamento, estes sistemas híbridos oferecem uma série de vantagens significativas.

Graças ao seu carácter complementar, permitem gerir mais facilmente a variabilidade inerente às energias renováveis. Além disso, optimizam a utilização dos recursos energéticos disponíveis, melhorando a fiabilidade e a segurança do abastecimento da rede eléctrica. A cereja no topo do bolo é o facto de a sua pegada ambiental ser significativamente reduzida.

Capítulo 2:

Microrredes e a evolução das redes eléctricas inteligentes

Capítulo 2: Microrredes e a Evolução das Redes Inteligentes

1. Introdução

A fim de substituir as energias renováveis por aplicações energéticas tradicionais baseadas em combustíveis, é imperativo que a maior parte das redes eléctricas actuais evoluam para apoiar esta transição. Neste contexto, o presente capítulo centrar-se-á em dois elementos-chave desta evolução: as microrredes e as redes inteligentes.

As microrredes, enquanto sistemas autónomos capazes de funcionar independentemente ou em complemento da rede principal, parecem oferecer maior flexibilidade e resiliência. De facto, permitem uma integração mais eficaz das fontes de energia renováveis.

Simultaneamente, as redes inteligentes tiram partido das tecnologias digitais para otimizar a gestão do sistema elétrico no seu conjunto. Os sensores, as comunicações bidireccionais e os sistemas de controlo avançados permitem equilibrar melhor a oferta e a procura, integrar as energias renováveis variáveis em grande escala e envolver ativamente os consumidores.

2. Microrredes inteligentes

A arquitetura das redes inteligentes continua a desenvolver-se. E, de acordo com as investigações actuais, estas redes serão compostas por milhões de peças e componentes: controlos, computadores, linhas eléctricas, bem como novas tecnologias e equipamentos. Por conseguinte, a complexidade e a dimensão destas redes tornarão o desenvolvimento das redes inteligentes muito dispendioso e difícil, e será necessário algum tempo para que todas as tecnologias sejam aperfeiçoadas, os equipamentos sejam instalados e os sistemas sejam testados antes de poderem ser postos a funcionar. E, para que estas redes se tornem uma realidade prática, a ideia de criar micro-redes inteligentes interligadas e ligadas às redes públicas foi apresentada como uma excelente solução. É por isso que estamos a procurar integrá-las nos edifícios, ou mesmo nos bairros, à medida que se adaptam ao desenvolvimento das energias renováveis.

2.1. Definição

Uma microrrede é um sistema energético discreto composto por fontes de energia distribuídas (gestão da procura, armazenamento e produção) e cargas capazes de funcionar em paralelo ou independentemente da rede eléctrica principal. O principal objetivo é garantir a segurança energética local, fiável e a preços acessíveis para as comunidades urbanas e rurais [35].

R. H. Lasseter propôs a primeira arquitetura de microrrede designada por Equipas de Recursos Energéticos Limpos (CERTS) [36], [37]. A microrrede CERTS envolve geralmente unidades de produção distribuída interligadas com conversores baseados em fontes renováveis e não renováveis.

Como mostra a Figura 11, os sistemas de energias renováveis, os sistemas de armazenamento de energia e as cargas são ligados à rede principal através de conversores de potência, com sistemas adequados de proteção, comunicação, monitorização e controlo. Pode funcionar em modo ligado à rede ou em modo isolado, em função das caraterísticas operacionais da rede principal [38].

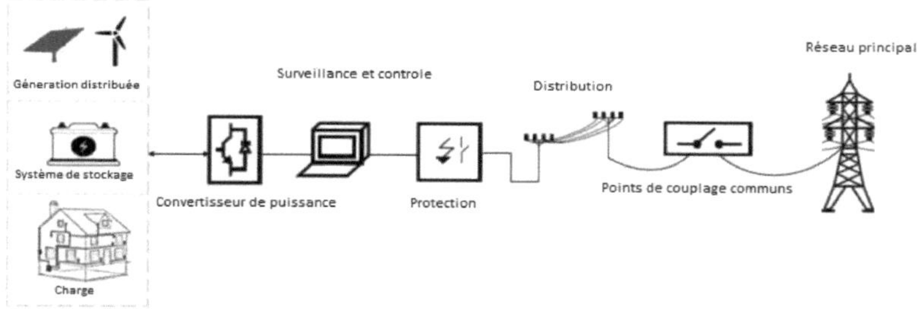

Figura 11Uma arquitetura típica de microrrede [39].

As microrredes são pequenas versões da rede eléctrica tradicional. Tal como as redes eléctricas actuais, apoiam a produção, a distribuição e o controlo da energia (regulação da tensão, comutadores). No entanto, as microrredes diferem das redes eléctricas tradicionais na medida em que oferecem uma maior proximidade entre a produção e o consumo de eletricidade, conduzindo a aumentos de eficiência e a reduções na transmissão [40].

Outra vantagem é o facto de as microrredes também poderem ser integradas em sistemas de energias renováveis, minimizando a pegada de carbono e as emissões de gases com efeito de estufa.

Por último, as microrredes proporcionam um controlo dinâmico das fontes de energia, permitindo operações autónomas e automáticas de auto-cura. Durante a utilização normal ou em picos de utilização, ou em alturas de falha da rede de fornecimento de energia primária, uma microrrede pode funcionar de forma independente e é capaz de devolver a eletricidade à rede principal [41].

2.2. Estrutura de uma microrrede

A estrutura de uma microrrede autónoma varia em função dos condicionalismos da aplicação. No entanto, são frequentemente utilizados quatro elementos [42] :

- Fontes (renováveis, baterias, gerador a gasóleo, etc.) ;
- Conversores de potência (utilizados para controlar e gerir o sistema) ;
- Filtros de interconexão (para assegurar a transmissão de energia de qualidade) ;
- Cargas (estáticas ou dinâmicas).

Além disso, as microrredes têm linhas de distribuição AC e DC. Cada tipo tem os seus próprios níveis de transmissão e distribuição. Os pontos de acoplamento comuns formam a porta de entrada entre a rede principal e a microrrede.

Os mecanismos de proteção estão frequentemente presentes nas microrredes para garantir que o sistema funciona de acordo com diferentes princípios e parâmetros.

Tendo em conta a natureza da tensão e da corrente, as microrredes são subcategorizadas em três tipos, nomeadamente as configurações de barramento CA, barramento CC e barramento misto. Cada configuração tem caraterísticas distintas, que oferecem diferentes vantagens e desvantagens que devem ser tidas em consideração.

2.2.1. Micro-rede acoplada ao barramento CC

Esta configuração é conhecida como "Stand-Alone" e é uma solução natural para combinar a maioria das fontes de corrente contínua utilizadas neste tipo de aplicação (painéis fotovoltaicos, células de combustível, elementos de armazenamento, etc.) [43], [44], [45].

Eis apenas algumas das vantagens:

- No sistema de corrente contínua, são necessários menos conversores de potência, o que permite a otimização das dimensões e uma melhoria da eficiência global.
- Natural e fácil de utilizar.
- Feedback alargado sobre o tempo de vida dos elementos de armazenamento.

Desvantagens :

- O sistema de proteção da distribuição em corrente contínua não está suficientemente desenvolvido em comparação com o sistema em corrente alternada.
- Toda a energia é canalizada através do conversor CC/CA, o que significa que o inversor é sobredimensionado e responsável por fornecer apenas os picos de energia necessários.

2.2.2. Micro-rede acoplada ao barramento CA

Esta configuração baseia-se no barramento CA e todas as fontes de frequência variável (por exemplo, turbina eólica) são ligadas ao barramento através de conversores de potência CA/CA. As fontes com uma saída DC (por exemplo, painéis fotovoltaicos) são ligadas através de conversores DC/AC.

Embora esta estrutura seja menos comum do que a primeira, tem várias vantagens, as mais importantes das quais são [42] :

- Os conversores CC/CA associados à fonte são dimensionados em função da potência máxima da fonte renovável e não da carga, o que é menos restritivo.
- Responder às solicitações de carga sem voltar ao barramento CC, como é o caso da hibridação CC. Isto aumentaria a eficiência (reduzindo as perdas do inversor principal).
- Oferecem um grau de liberdade adicional para o controlo dos reagentes, uma opção que não estava disponível na configuração anterior.

As desvantagens incluem

- Uma microrrede de barramento CA requer um controlador relativamente complexo para importar e exportar energia, mantendo a estabilidade e a fiabilidade do sistema.
- Impacto negativo no tempo de vida dos elementos de armazenamento (baterias).

2.2.3. Micro-rede de barramento misto

A solução mais viável sugerida por muitos investigadores é a construção de um sistema de micro-rede de barramento misto AC/DC para uma melhor integração de todos os elementos com a rede principal [46], [47]. Esta ideia apresenta um novo paradigma para definir o funcionamento da produção distribuída, em que as fontes CA e CC são ligadas a redes correspondentes.

2.3. Os objectivos de uma micro rede

Os objectivos de uma micro rede podem variar consoante a aplicação e o ambiente em que é utilizada, mas eis alguns objectivos comuns:

- Fornecimento de energia fiável: as microrredes são frequentemente utilizadas em zonas rurais ou isoladas onde a rede eléctrica tradicional pode ser instável ou inexistente. Um dos seus principais objectivos é fornecer uma fonte de energia fiável aos utilizadores.
- Reduzir os custos: a sua instalação e gestão podem ser frequentemente mais baratas do que as redes de eletricidade tradicionais. Ao utilizar fontes de energia renováveis ou tecnologias de armazenamento de energia, podem também reduzir os custos de funcionamento a longo prazo.
- Melhorar a segurança e a resiliência: são concebidos para funcionar de forma autónoma, mesmo em caso de corte de energia ou de catástrofe natural. Isto pode melhorar a segurança e a resiliência da rede, bem como a fiabilidade do fornecimento de energia aos utilizadores.
- Reduzir as emissões de gases com efeito de estufa: ao utilizar fontes de energia renováveis e ao otimizar a gestão da energia, uma microrrede pode reduzir as emissões de gases com efeito de estufa associadas à produção de energia.

3. Redes eléctricas inteligentes

Com o crescimento populacional e económico, a procura de energia aumentou significativamente. Isto conduziu a uma maior pressão sobre as redes de eletricidade existentes. Ao mesmo tempo, aumentou o impacto ambiental negativo dos combustíveis fósseis, que são a principal fonte de energia do mundo e que têm vindo a diminuir de forma notável.

Neste processo, tivemos de satisfazer a procura crescente utilizando da melhor forma os recursos energéticos disponíveis, integrando simultaneamente fontes de energia renováveis que funcionam frequentemente de forma intermitente e imprevisível.

A produção descentralizada de eletricidade pode ter uma série de impactos na rede eléctrica:

- Variabilidade da produção: as fontes de energia renováveis são frequentemente intermitentes, e esta variabilidade pode causar flutuações de tensão e frequência na rede eléctrica, que têm de ser monitorizadas e geridas para garantir a fiabilidade da rede.
- Capacidade de transporte insuficiente: as redes eléctricas foram concebidas para transportar a eletricidade das centrais eléctricas para os consumidores. A produção distribuída pode inverter o fluxo de eletricidade através da rede, levando à saturação das linhas de transporte existentes. Os operadores de rede devem, por conseguinte, planear investimentos em infra-estruturas de transporte para satisfazer esta procura crescente.
- Aumento das perdas no transporte: este tipo de produção pode levar a perdas adicionais no transporte, uma vez que a eletricidade tem de ser

transportada a distâncias maiores e através de mais pontos de conversão. Isto pode afetar a eficiência global da rede e aumentar os custos para os consumidores.

- Coordenação da produção: a coordenação de todo o sistema elétrico está a tornar-se mais complexa, uma vez que podem estar envolvidos muitos pequenos produtores. Os operadores de rede devem, portanto, criar mecanismos de coordenação e controlo para manter a estabilidade da rede.
- Equilíbrio entre a oferta e a procura: a produção distribuída pode também dificultar o equilíbrio entre a oferta e a procura, uma vez que a produção pode variar consideravelmente em função das condições meteorológicas e de outros factores. Os operadores de rede devem, por conseguinte, criar mecanismos de regulação para ajustar a produção à procura em tempo real.

A implementação de sistemas de produção descentralizada exige necessariamente um controlo dos fluxos em tempo real, um ajustamento entre a oferta e a procura de eletricidade e uma comunicação bidirecional, uma vez que o consumidor se torna também produtor, o que tem um impacto importante na rede eléctrica.

As mudanças para redes eléctricas inteligentes são essenciais para permitir uma transição energética eficaz e sustentável, permitindo uma utilização mais eficiente e mais limpa da energia eléctrica. Para tal, é necessária uma estreita colaboração entre os vários intervenientes no sistema energético, incluindo produtores, distribuidores, consumidores e reguladores, a fim de assegurar uma transformação harmoniosa do sistema energético.

3.1. Conceito de rede inteligente

Tendo em conta o aumento do consumo e o desenvolvimento maciço da produção descentralizada, prevê-se que as redes eléctricas do futuro tenham as seguintes caraterísticas [48], [49], [50], [51] :

- Flexibilidade: a rede deve satisfazer as necessidades de todos os clientes, tendo em conta a evolução futura.
- Acessibilidade: a rede deve ser capaz de acolher todos os utilizadores (produtores centralizados e descentralizados, consumidores) e permitir a produção local com elevada eficiência energética.
- Fiabilidade: a rede deve garantir e melhorar a segurança e a qualidade do fornecimento de eletricidade.
- A economia: a rede deve garantir a otimização dos custos através da inovação, da gestão eficaz da energia, da livre concorrência e da igualdade de condições para todos os utilizadores.

O termo Smart Grid (SG) foi apresentado como uma combinação de energia, comunicações, software e equipamento de proteção automatizado [52].

A definição de um SG é a integração de uma rede eléctrica, uma rede de comunicações, software e hardware com o objetivo de monitorizar, controlar e gerir a produção, distribuição, armazenamento e consumo de energia. Tendo em conta a necessidade de aumentar a eficiência do sistema através da integração de fontes de energia renováveis e da melhoria da segurança de abastecimento, bem como da redução das tarifas associadas à rede de distribuição e controlo de energia. Este objetivo é conseguido através do controlo das várias instalações de produção e da monitorização das ligações de carga em função das necessidades, utilizando tecnologias informáticas para ajustar o fluxo de eletricidade entre fornecedores e consumidores [53], [54].

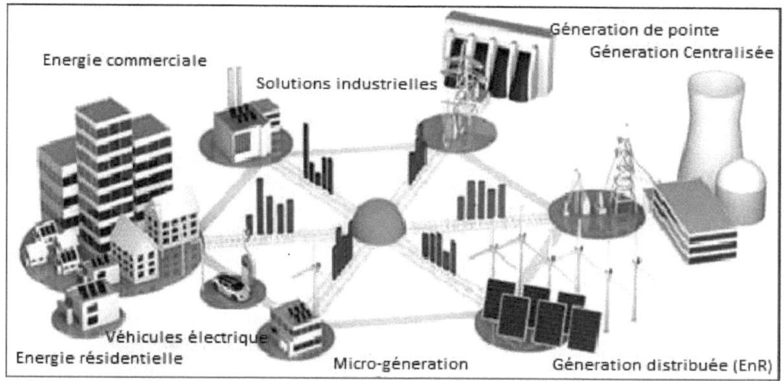

Figura 12Conceito de rede inteligente [54].

As redes de gás, ou redes inteligentes, foram desenvolvidas para melhorar a eficiência, a fiabilidade e a sustentabilidade das redes de eletricidade através da utilização de tecnologias avançadas de informação e comunicação (TIC).

Mais especificamente, os SG foram desenvolvidos para resolver os seguintes desafios

- Integração das fontes de energia renováveis: As GS permitem integrar eficazmente as fontes de energia renováveis na rede eléctrica. Isto reduz a dependência dos combustíveis fósseis e promove a transição para energias mais limpas.
- Gestão da procura: permitem uma gestão eficaz da procura de eletricidade em tempo real. Os utilizadores podem ajustar o seu consumo de acordo com os preços da eletricidade e os sinais da procura para evitar a escassez de eletricidade e os picos de procura.
- Maior fiabilidade: as falhas e os problemas de qualidade da energia serão detectados mais rapidamente, permitindo aos fornecedores de serviços públicos reduzir o tempo de inatividade e melhorar a qualidade da energia fornecida aos consumidores.
- Redução de custos: As EEE ajudam a reduzir os custos de funcionamento da rede de eletricidade através da redução das perdas de energia, evitando investimentos desnecessários em infra-estruturas e optimizando a utilização dos recursos disponíveis.

Em suma, as EES estão a ser utilizadas para enfrentar os desafios energéticos cada vez mais complexos do nosso tempo, permitindo que a eletricidade seja gerida de forma mais eficiente e sustentável.

3.2. Arquitecturas e domínios de redes inteligentes

Nesta secção, apresentamos as diferentes arquitecturas e domínios de uma rede eléctrica inteligente.

3.2.1. Arquitecturas de redes inteligentes

A arquitetura de um SG pode ser dividida em três níveis principais:

- Nível da infraestrutura: este nível é responsável pela gestão da infraestrutura física da rede eléctrica, incluindo centrais eléctricas, transformadores, linhas de transmissão, subestações, equipamento de distribuição e contadores inteligentes. As tecnologias utilizadas a este nível incluem sensores, sistemas de controlo e monitorização remotos, equipamento de comutação e proteção, equipamento de armazenamento de energia e tecnologias de comunicação.
- Nível de informação: este nível é responsável pela gestão da informação gerada pela rede eléctrica, incluindo dados de consumo, dados de produção de ER, dados de armazenamento de energia e dados de qualidade da energia. As tecnologias utilizadas neste nível incluem sistemas de gestão da informação, sistemas de gestão de dados, tecnologias da Internet das Coisas (IoT), tecnologias de Big Data e tecnologias de inteligência artificial.
- Nível de aplicação: este nível é responsável pela gestão da interação entre a rede eléctrica e os utilizadores finais, incluindo os clientes residenciais, comerciais e industriais. As tecnologias utilizadas a este nível incluem os sistemas de gestão da energia, as aplicações de controlo da procura, as aplicações de tarifação dinâmica da energia, as aplicações de monitorização e controlo da energia, as aplicações de produção de energia renovável e as aplicações de armazenamento de energia.

3.2.2. Domínios de uma rede eléctrica inteligente

O SG é classificado em sete domínios que são apresentados na figura seguinte [55], [56]:

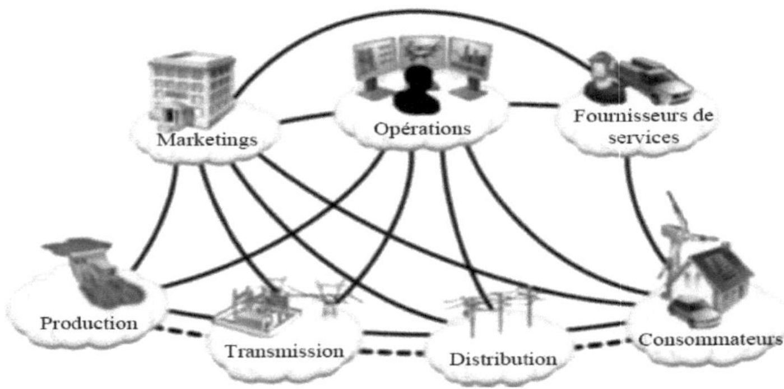

Figura 13Os diferentes domínios da rede inteligente [55], [57].

- Setor de produção :

A área de produção é um elemento-chave de um EES, uma vez que é responsável pela produção da eletricidade necessária para satisfazer a procura de energia por parte dos consumidores.

O domínio da transmissão é geralmente o limite do domínio da produção. Os dois domínios estão ligados eletricamente.

As comunicações com o domínio da transmissão são as mais importantes porque, sem transmissão, os consumidores não podem ser servidos [58].

Este domínio pode incluir uma variedade de fontes de energia, tais como :

- Centrais eléctricas convencionais.
- Fontes de energia renováveis: como a solar, a eólica, a hidroelétrica, a geotérmica e a biomassa.
- Fontes de armazenamento de energia.
- Micro-redes: estas redes locais podem ser utilizadas para produzir e distribuir eletricidade numa comunidade específica, utilizando energias renováveis e sistemas de armazenamento de energia.

As principais funções da área de produção num GMS incluem :

- Fornecimento de eletricidade: é responsável pela produção da eletricidade necessária para satisfazer a procura de energia dos consumidores, com base nas necessidades em tempo real.
- Otimização da produção: deve otimizar a produção de eletricidade para minimizar os custos de produção, garantindo simultaneamente um fornecimento fiável de energia.
- Integração das energias renováveis: deve integrar sistemas de energias renováveis, utilizando tecnologias de armazenamento de energia para responder às variações de produção.
- Reduzir as emissões de gases com efeito de estufa: isto significa reduzir as emissões de gases com efeito de estufa através da utilização de tecnologias mais limpas e do aumento da percentagem de energias renováveis na produção de eletricidade.

Em resumo, a área de produção de um GXS desempenha um papel fundamental no fornecimento de energia fiável, sustentável e rentável aos consumidores. Deve ser capaz de produzir energia de acordo com a procura, satisfazer as necessidades de coordenação do sistema energético inteligente e promover as fontes de energia renováveis para um futuro mais sustentável.

- Transmissão :

O domínio de transmissão de um SG é a secção da rede eléctrica que assegura a comunicação entre os diferentes componentes do sistema de gestão da energia. Este inclui equipamentos de contagem, sistemas de controlo, dispositivos de armazenamento de energia, sistemas de energias renováveis, dispositivos de contagem inteligentes e utilizadores finais.

As tecnologias de comunicação utilizadas no domínio da transmissão de um GXS incluem redes de comunicação com e sem fios, como redes de fibra ótica, redes Wi-Fi, redes celulares, redes de linhas eléctricas e redes de comunicação por satélite.

A escolha da tecnologia dependerá de vários factores, como a distância entre os diferentes elementos da rede, a densidade populacional, a presença de edifícios ou obstáculos, os custos associados à instalação e ao funcionamento da rede, etc.

Além disso, o domínio de transmissão de um GXS inclui também tecnologias de controlo da qualidade da energia, que asseguram que a energia eléctrica é fornecida aos consumidores a uma tensão e frequência adequadas, minimizando simultaneamente as perturbações na rede.

- Distribuição :

O principal papel das redes de distribuição é transportar energia de "média e baixa tensão" da rede de transporte para os consumidores em distâncias curtas [54], [59], [60].

Tradicionalmente, as várias interfaces de comunicação neste domínio têm sido hierárquicas e unidireccionais, embora atualmente se possa considerar que funcionam normalmente em ambos os sentidos, embora as ligações eléctricas comecem a fazê-lo. No SG, o domínio da distribuição comunica mais estreitamente com o domínio das operações em tempo real para gerir os fluxos de energia relacionados com o domínio mais dinâmico do mercado e outros factores ambientais e de segurança [61].

O domínio de distribuição de um GXS refere-se à parte da rede eléctrica que é responsável pelo fornecimento de energia eléctrica a partir das linhas de transmissão até aos consumidores finais, como casas, empresas e instituições. Pode incluir equipamentos como transformadores, subestações, interruptores, contadores inteligentes e sistemas de monitorização e controlo remotos. As tecnologias de comunicação avançadas, como as redes de comunicação sem fios e os protocolos de comunicação normalizados, podem também ser utilizadas para facilitar a comunicação e a coordenação entre os diferentes elementos da rede de distribuição.

Este domínio pode ser dividido em vários níveis, como a distribuição em baixa tensão (BT), a distribuição em média tensão (MT) e a distribuição em alta tensão (AT). As redes de distribuição de baixa tensão são responsáveis pelo fornecimento de energia eléctrica a clientes residenciais e comerciais, enquanto as redes de distribuição de média e alta tensão são utilizadas para fornecer energia eléctrica a grandes empresas e instituições.

A SG in Distribution utiliza tecnologias de ponta para monitorizar, controlar e otimizar a distribuição de energia eléctrica em tempo real. Tecnologias como sensores, sistemas de comunicação e software de análise avançada são utilizadas para recolher dados em tempo real sobre o consumo de energia e o desempenho da rede, e para tomar decisões informadas sobre a forma de gerir a distribuição de eletricidade.

Garante :

- Maior fiabilidade.
- Utilização mais eficiente da energia.
- Redução das perdas de energia.
- Melhoria da qualidade da energia.
- Maior capacidade de integração das energias renováveis.

- Setor do consumo :

A rede de distribuição fornece média tensão aos consumidores industriais e baixa tensão a um grande número de consumidores, nomeadamente comerciais e residenciais [55], [62], [63].

Num SG, os consumidores são os principais intervenientes no sistema porque estão diretamente envolvidos na gestão da energia. Os SG permitem que os consumidores desempenhem um papel ativo na gestão do seu consumo de energia, fornecendo-lhes informações em tempo real sobre o seu consumo e dando-lhes a oportunidade de controlar o seu consumo.

Este domínio pode incluir várias partes, que interagem com o SG, tais como :

- Contadores inteligentes: para medir o consumo de energia em tempo real e comunicar esses dados à rede eléctrica. Permitem também que os consumidores monitorizem o seu consumo de energia em tempo real e tomem decisões informadas sobre a utilização da energia.
- Aparelhos inteligentes: estão equipados com sensores e tecnologias de comunicação que permitem a interação com a rede eléctrica. Podem ser programados para funcionar fora das horas de ponta e podem ser controlados à distância para otimizar a utilização da energia.
- Soluções de armazenamento de energia: permitem aos consumidores armazenar a energia produzida por fontes renováveis para utilização posterior. Os sistemas de armazenamento de energia podem também ser utilizados para reduzir a procura de energia durante as paragens de ponta.
- Programas de gestão da procura de energia: permitem aos consumidores reduzir o seu consumo de energia durante as horas de ponta em troca de incentivos financeiros. Estes programas podem ser implementados através da utilização de tecnologias inteligentes para controlar o consumo de energia dos aparelhos.
- Soluções de comunicação: permitem que os consumidores comuniquem com a rede eléctrica e recebam informações sobre os preços da eletricidade e os programas de gestão da procura de energia. As tecnologias de comunicação podem incluir aplicações móveis, sítios Web e notificações por SMS.

O domínio do consumidor num GXS é constituído por um conjunto de tecnologias e soluções que permitem aos consumidores tomar decisões informadas sobre o seu consumo de energia e interagir com a rede eléctrica de uma forma mais inteligente e eficiente.

Podemos assim deduzir que as principais caraterísticas do domínio do consumidor num SG incluem :

- A capacidade de monitorizar e controlar o consumo de energia em tempo real.
- Integrar as energias renováveis e o armazenamento de energia em pequena escala para otimizar a utilização da energia.
- A possibilidade de vender o excedente de energia produzido pelos consumidores.
- Participação ativa dos consumidores em programas de gestão da procura de energia para reduzir o consumo de eletricidade durante as horas de ponta.
- A possibilidade de receber informações em tempo real sobre os preços da eletricidade para tomar decisões informadas sobre a utilização da energia.
- A utilização de tecnologias inteligentes para automatizar tarefas como a programação de aparelhos para funcionarem fora das horas de ponta.

- Domínio do fornecedor de serviços :

O domínio do fornecedor de serviços de redes inteligentes fornece serviços de eletricidade aos clientes e pode comunicar com o domínio das operações, dos mercados e dos consumidores [64], [65].

Num GMS, esta área é muito ampla e pode incluir vários tipos de serviços:

- Gestão da procura: os consumidores podem reduzir o seu consumo de energia durante as paragens de ponta, através de conselhos sobre como utilizar a energia de forma mais eficiente.
- Gestão de energias renováveis: os prestadores de serviços podem ajudar os consumidores a instalar painéis solares e turbinas eólicas para produzir energia renovável. Podem também ajudar os consumidores a armazenar a energia produzida para utilização posterior.
- Otimização da rede: o software de gestão da rede é utilizado para monitorizar e otimizar a distribuição de energia. Isto pode incluir a deteção e correção de falhas de energia, bem como a redução de perdas de energia.
- Serviços de contagem: os fornecedores de serviços podem fornecer contadores inteligentes que permitem aos consumidores acompanhar o seu consumo de energia em tempo real. Isto pode ajudar os consumidores a compreender como utilizam a energia e a identificar formas de reduzir o seu consumo.
- Serviços de faturação: os sistemas de faturação inteligentes permitem aos consumidores pagar a energia que utilizam. Estes sistemas podem incluir tarifas diferenciadas que incentivem os consumidores a utilizar energia durante os períodos de baixa procura.

Estes exemplos são apenas alguns dos muitos serviços que os fornecedores de serviços podem oferecer no domínio do IMS.

Os serviços públicos produzirão produtos e serviços novos e inovadores para responder às novas necessidades e oportunidades apresentadas pela evolução dos serviços de interesse geral [48].

- Área de atividade :

Quando falamos da área de operação, referimo-nos ao centro de controlo e comando, onde se encontra a maioria das tarefas relacionadas com os movimentos de energia, os centros de produção, os mecanismos de transporte de energia e as casas dos consumidores. Os centros de controlo em rede permitem processar as várias tarefas em tempo real e remotamente [66].

As operações num GXS são frequentemente geridas por software sofisticado que permite a tomada de decisões automatizadas em tempo real, a fim de otimizar os fluxos de energia na rede, melhorar a eficiência energética e reduzir os custos.

O domínio das operações utiliza uma rede de comunicações bidirecional para ligar às estações locais, às redes dos clientes e a outros dispositivos de campo inteligentes. Permite o funcionamento da rede, a monitorização, o controlo, a gestão de falhas e a tomada de decisões importantes sobre os processos através da utilização de sistemas de controlo e supervisão como o SCADA (Supervisory Control And Data Acquisition) [55].

A área de operações de uma SG utiliza uma variedade de software para gerir, monitorizar e otimizar a rede inteligente. Eis alguns exemplos de software habitualmente utilizado na área de operações de uma SG:

- SCADA (Supervisory Control and Data Acquisition): é um sistema de controlo e supervisão que permite monitorizar em tempo real os equipamentos e processos das redes inteligentes, como centrais eléctricas, transformadores, linhas eléctricas, contadores inteligentes, etc. O SCADA é utilizado para recolher e analisar dados, a fim de detetar problemas, falhas e anomalias e tomar as medidas necessárias para os resolver.

- SGE (Sistema de Gestão de Energia): trata-se de um sistema de gestão de energia utilizado para planear, coordenar e controlar a produção, a distribuição e o consumo de energia no SGE. O SGE utiliza algoritmos de otimização para maximizar a eficiência energética, minimizar os custos e garantir a qualidade da energia.
- Sistemas de gestão de activos empresariais (EAM): Os EAM são aplicações de software utilizadas para gerir os activos da GXS, incluindo equipamento de produção, equipamento de distribuição e infra-estruturas de rede. Os EAM permitem a monitorização do estado do equipamento, o planeamento da manutenção, a gestão de peças sobresselentes e a gestão do investimento.
- DMS (Distribution Management System): é um sistema de gestão da distribuição que monitoriza e controla a distribuição de energia na GXS, utilizando tecnologias avançadas como sensores, PLCs e redes de comunicação. O DMS é utilizado para gerir os defeitos, as sobrecargas, os cortes de energia e os desequilíbrios de tensão.
- ADMS (Sistema Avançado de Gestão da Distribuição): trata-se de um sistema de gestão da distribuição mais avançado que integra as funcionalidades SCADA, EMS e DMS para proporcionar uma visão completa da rede inteligente. O ADMS utiliza ferramentas de análise avançadas, como a modelação da carga, a previsão da procura e a simulação de cenários, para tomar decisões informadas em tempo real.
- OMS (Outage Management System): trata-se de um sistema de gestão de interrupções que detecta, localiza e resolve interrupções no GXS. O OMS utiliza ferramentas de mapeamento, comunicação e coordenação para minimizar o impacto das interrupções nos consumidores e fornecedores de energia.

- Marketing :

Com o advento do EMS, está a desenvolver-se um novo mercado. Há novos serviços a apoiar e novos produtos a vender, o que afecta o fluxo de energia. Surge um novo mercado, baseado no comércio de energia e na prestação de serviços auxiliares [67].

O domínio do marketing das redes inteligentes centra-se na comercialização de tecnologias e serviços associados à otimização da gestão da energia.

As empresas que desenvolvem tecnologias IoT precisam de promover as suas soluções junto dos serviços públicos, reguladores, consumidores e outros intervenientes importantes. As estratégias de marketing podem incluir a participação em eventos do sector, a publicação de livros brancos e outros documentos de investigação, e a promoção online e nos meios de comunicação tradicionais.

As empresas de marketing podem ajudar os fornecedores de energia a comunicar com os clientes sobre a forma como a GXS os pode beneficiar.

Este domínio contém uma arquitetura de dois sistemas [68] :

- Sistemas ligados ao Commercial Virtual Plant Management (CVPM), que permitem o acesso ao mercado de uma agregação de instalações de produção descentralizadas e de recursos de consumo flexíveis (agregação de pontos de consumo flexíveis).

- Sistemas ligados à Gestão das Centrais Técnicas Virtuais (CTEV), assegurando a estabilidade da rede e optimizando o conjunto das redes energéticas, tendo em conta, por um lado, o modelo técnico de todos os recursos de produção, consumo e armazenamento fornecidos pela CTEV e, por outro, as restrições e limites técnicos ligados à gestão das infra-estruturas da rede.

3.3. Os objectivos de uma rede eléctrica inteligente

Os objectivos de uma GS são numerosos e podem variar de acordo com as necessidades e prioridades de cada país ou região. No entanto, eis alguns dos objectivos mais comuns associados às redes inteligentes:

- Integração das energias renováveis :

As SG permitem a integração harmoniosa das fontes de energia renováveis na rede eléctrica, gerindo eficazmente a produção e a distribuição de eletricidade, que pode variar e ser intermitente. Isto ajuda a reduzir a dependência dos combustíveis fósseis e a diminuir as emissões de gases com efeito de estufa.

Já não estamos a falar dos antigos sistemas de produção centralizados, mas sim de sistemas descentralizados, que são muito mais interessantes porque garantem uma maior flexibilidade operacional.

O sistema de informação que faz parte das redes inteligentes pode detetar as taxas de produção e de consumo não só a curto, mas também a longo prazo.

De facto, as redes de distribuição actuais são equilibradas através da interação entre milhares de pontos de controlo durante a injeção descentralizada, ao contrário da rede tradicional que apenas garantia este equilíbrio entre a oferta e a procura através de algumas centenas destes pontos [69].

- Melhorar a fiabilidade da rede eléctrica :

Os SG coordenam os componentes da rede de forma autónoma, pelo que são utilizados não só para controlar as instalações de produção, mas também para ligar ou desligar cargas de acordo com as necessidades do consumidor.

Podem reduzir os cortes de energia, monitorizando e controlando a rede eléctrica de forma mais eficaz. Isto também permite uma reação mais rápida em caso de perturbações ou incidentes na rede.

São necessários equipamentos de proteção de muito alta velocidade para gerir os fluxos de energia, isolando as secções defeituosas e dando ao controlo remoto a vantagem de reconfigurar certas áreas com base em incidentes ocorridos e mesmo em intervenções planeadas.

Interação em tempo real com os instrumentos de medição para ajudar a equilibrar a rede, sincronizando a oferta e a procura de energia. Por este motivo, cada posto de transformação deve conter equipamentos de controlo, proteção e automação. Este último, aplicado à rede de distribuição, é necessário para interagir bidireccionalmente com o produtor descentralizado, modernizando ao mesmo tempo as novas abordagens de controlo-comando baseadas em novas técnicas de visualização para a tomada de decisões.

- Otimização energética :

A otimização da energia numa rede inteligente é um processo que visa maximizar a eficiência energética da rede, minimizando simultaneamente os custos e reduzindo as emissões de gases com efeito de estufa.

Podem ser utilizados vários métodos para otimizar a energia, incluindo :

- Gestão da procura.
- Gestão da produção.
- Armazenamento de energia.
- Energia distribuída.
- Preços dinâmicos.
- Análise dos dados.

Ao utilizar estes métodos, um GXS pode reduzir os custos de produção de energia, melhorar a eficiência energética e reduzir as emissões de gases com efeito de estufa, contribuindo assim para uma economia energética mais sustentável.

- Gestão do consumo individual :

Os utilizadores podem gerir o seu consumo de energia ao longo do dia, enquanto os operadores de rede podem detetar mais rapidamente potenciais falhas. Como já foi referido, os sensores interagem entre si e são as primeiras aplicações da rede inteligente, desempenhando um papel fundamental no seu desenvolvimento. Permitem aos consumidores aceder a informações sobre o preço da eletricidade, a qualidade do seu consumo e as horas de ponta. Constituindo o primeiro bloco de construção da GS, estes sensores estão ligados a uma gestão eficaz da energia e à emergência da concorrência.

- Redução dos custos energéticos:

Incentivando os utilizadores a reduzirem o seu consumo de energia nas horas em que a procura é elevada. Isto pode ser conseguido através da oferta de tarifas diferentes consoante a hora do dia, ou através de incentivos financeiros.

As redes inteligentes permitem a comunicação bidirecional entre produtores e consumidores de energia. Isto significa que os utilizadores podem não só consumir eletricidade, mas também produzi-la e vendê-la à rede.

As EES optimizam a utilização dos recursos e infra-estruturas existentes, reduzindo os custos de funcionamento para os fornecedores e consumidores de eletricidade.

Os SG permitem a oferta de serviços de valor acrescentado, como a monitorização em tempo real do consumo de energia, ferramentas de análise do consumo de energia e informações sobre os custos da energia.

- Integração das novas tecnologias :

As infra-estruturas urbanas sofrerão uma grande mudança com o advento dos veículos eléctricos, o que afectará também a rede eléctrica. O desenvolvimento destes veículos só será possível se forem disponibilizados os espaços de recarga necessários (centros comerciais, estruturas de recarga seguras, nas habitações, nas ruas, etc.).

Os veículos eléctricos podem ser carregados de acordo com a capacidade da rede eléctrica. Os proprietários podem programar os seus automóveis para carregarem durante os períodos de baixa procura, quando a rede eléctrica está menos ocupada.

Estes veículos podem ser utilizados como fonte de energia de reserva, funcionando as baterias como fonte de energia de reserva em caso de corte de energia. Os proprietários de veículos eléctricos podem vender a sua energia armazenada às redes de eletricidade durante as paragens de ponta.

3.4. Trabalhos de investigação sobre redes eléctricas inteligentes

Os investigadores Y. Cunjiang et al (2012) [70] efectuaram uma análise da rede atual e destacaram os seus inconvenientes, como a perda de energia, a vulnerabilidade às avarias, os custos elevados, as emissões de gases com efeito de estufa, as limitações de capacidade, etc. Os resultados desta análise são apresentados no quadro 1.

Em consonância com as actuais exigências dos utilizadores de energia, as redes eléctricas actuais estão a evoluir para resolver alguns dos inconvenientes acima referidos. São as redes inteligentes, que utilizam as tecnologias de informação e comunicação para monitorizar, controlar e otimizar a produção, a distribuição e o consumo de eletricidade. Os investigadores apresentaram também as caraterísticas da rede inteligente e os seus componentes técnicos, propondo, por fim, uma arquitetura de rede inteligente.

Os investigadores S. Goel et al (2013) [71] desenvolveram uma visão da GS para 2030 com base num documento de perspetiva. Discutiram os imperativos dos vários actores neste empreendimento e os obstáculos à concretização desta visão. Começaram por discutir o funcionamento da atual rede eléctrica, incluindo o papel da produção, do transporte e da distribuição. Discutiram depois os problemas desta rede e os obstáculos à concretização da visão das comunicações smart grid. A este debate seguiram-se os objectivos do SG.

O investigador M.E. El Hawary (2014) [72] apresentou, no seu artigo, o SG e os benefícios técnicos, ambientais e socioeconómicos associados, bem como outros benefícios não tangíveis para a sociedade, e explicou a necessidade do conceito e o facto de se tratar de uma infraestrutura interativa dinâmica em tempo real que responde aos desafios da conceção e construção do sistema de energia do futuro, em vez de ser simplesmente um termo de marketing. Para ilustrar a diversidade da terminologia, o autor comparou uma definição do Electric Power Research Institute (EPRI) com a proposta por um grupo de estudo da International Electrotechnical Commission (IEC). Em seguida, citou três exemplos de definições para realçar a diversidade de pontos de vista sobre a rede inteligente. Os equívocos e as caracterizações iniciais da rede inteligente são discutidos como um prelúdio para abordar as questões difíceis que impulsionam o desenvolvimento e a implementação de tecnologias, produtos e serviços inovadores relacionados. Em seguida, o investigador abordou alguns dos obstáculos frequentemente citados à aceitação da rede inteligente, que se baseiam em preocupações e questões relacionadas com a sua evolução, adoção e aceitação.

Os investigadores M.L. Tuballa et al. (2016) [73] apresentaram uma panorâmica dos SG com as suas caraterísticas e funcionalidades gerais. Discutiram as tecnologias SG fundamentais e relacionadas e identificaram actividades, desafios e questões de investigação. Mostraram como estas tecnologias moldaram a rede eléctrica moderna e continuaram a evoluir e a reforçar o seu papel no melhor alinhamento da procura e da oferta de energia. Revelaram também a implementação e as práticas das redes inteligentes em vários locais.

Os pesquisadores S. Howell et al (2017) [74] desenvolveram este documento sobre o conceito de redes inteligentes através de uma revisão crítica da literatura. Isto inclui uma discussão de conceitos modernos como "rede inteligente", "microrrede", "central eléctrica virtual" e "sistema multi-energia", e as relações entre eles, bem como as tendências para a inteligência distribuída e a interoperabilidade. Cada um destes conceitos emergentes de energia urbana tem mérito quando aplicado num paradigma de rede centralizada, mas muito pouca investigação aplica estas abordagens no panorama energético caracterizado por uma elevada penetração de recursos energéticos distribuídos, prosumidores (consumidores e produtores), interoperabilidade e grandes volumes de dados.

A expansão destes domínios conduzirá a novos desafios e oportunidades, à medida que o estatuto dos sistemas energéticos se altera radicalmente. É necessária uma nova geração de sistemas energéticos holónicos para orquestrar a interação entre estes componentes energéticos densos, diversificados e distribuídos. Por conseguinte, estes investigadores contribuíram para uma descrição dos sistemas energéticos holónicos e da investigação implícita necessária para a sustentabilidade e a resiliência no panorama energético iminente.

Os investigadores S. Kakran et al (2018) [75] forneceram uma descrição pormenorizada dos avanços na gestão da procura, nos programas de resposta à procura, na produção distribuída, nas questões técnicas associadas ao seu progresso e nos principais benefícios. De facto, os recursos energéticos renováveis estão também a tornar-se uma parte importante da produção distribuída, o que constitui uma solução para os problemas ambientais causados pelas centrais elétricas convencionais. Poucos países estão a trabalhar na implantação de contadores avançados. Ao mesmo tempo, foi explorado o âmbito da investigação de vários programas tecnológicos de redes inteligentes.

Os pesquisadores Y. Ming et al. (2019) [76] propuseram um esquema eficiente de montagem de dados multidimensionais com preservação da privacidade em uma rede inteligente sob criptografia homomórfica e sequência super crescente. A análise de segurança indica que o esquema proposto foi considerado seguro no modelo de oráculo aleatório, satisfazendo todos os requisitos de segurança e privacidade. A análise aprofundada do desempenho mostra que, em comparação com esquemas relacionados, o esquema proposto atinge os custos de computação e comunicação mais baixos, sendo assim adequado para aplicações práticas.

Os investigadores D. Tang et al. (2019) [77] modelaram uma rede inteligente acoplada a uma rede social e estudaram a sua vulnerabilidade a ataques de falsos preços na rede social. O perfil de consumo de energia com base em informações sociais é modelado como um problema de reordenação de consumo, que visa maximizar o benefício da gestão do lado da demanda. O processo de propagação de preços falsos é descrito por um modelo de propagação de influências a vários níveis, que tem em conta a personalidade dos utilizadores finais. São consideradas diferentes estratégias de ataque e é modelada a reação do operador de energia. A amperagem residual da linha de distribuição e a energia esperada não fornecida são adoptadas para quantificar o impacto dos ataques no sistema elétrico. Para ter em conta as caraterísticas estocásticas do processo de propagação da influência, é utilizada uma simulação de Monte Carlo. O quadro de modelação e análise proposto é aplicado a um carregador de testes IEEE de 13 nós modificado e a uma rede social fictícia. Este quadro promove as caraterísticas sistémicas de autonomia, adesão, conetividade, diversidade e emergência, e equilibra os objectivos globais e locais do sistema, através de topologias de controlo adaptativas e de uma gestão da energia que responde à procura.

4. Conclusão

É importante notar que o aumento da quota de energias renováveis pode ter consequências adversas para a estabilidade e o bom funcionamento de todo o sistema elétrico. Os actuais geradores, baseados em fontes de energia renováveis (FER), não podem fornecer serviços de sistema e a sua produção pode ser difícil de prever. Por esta razão, a evolução para redes eléctricas inteligentes é vital. Como qualquer sistema complexo, uma rede inteligente é composta por um grande número de entidades que interagem entre si. Este emaranhado dinâmico significa que é essencial um processo de modelação rigoroso.

Capítulo 3:
Apresentação dos métodos de modelação

Capítulo 3: Apresentação dos métodos de modelação

1. Introdução

Várias abordagens, como a engenharia de sistemas, propuseram abordagens metodológicas associadas a ferramentas que fornecem representações simplificadas da realidade. O objetivo é dominar a compreensão, a conceção, o desenvolvimento e o funcionamento de sistemas complexos [79].

A modelização de uma rede eléctrica inteligente como um sistema complexo permite compreender as interações entre os diferentes elementos da rede, antecipar acontecimentos imprevistos e tomar decisões mais informadas em termos de planeamento e exploração da rede.

O nosso terceiro capítulo apresentará uma classificação pormenorizada dos diferentes métodos de modelização, explorando os seus princípios fundamentais, as suas aplicações específicas e as suas vantagens e limitações.

2. Métodos de modelação

Os SG são dos sistemas mais complexos, e esta complexidade contribui para a emergência do processo de modelação. èmeCom efeito, a modelação e a conceção deste sistema descentralizado, autónomo e distribuído representam um dos maiores desafios do século XXI. A modelação da rede, do comportamento dos utilizadores, da fiabilidade e do realismo é crucial para preparar o caminho para as tecnologias futuras.

A modelação, em geral, envolve o desenvolvimento de um conjunto de equações ou regras para descrever um sistema de uma forma reproduzível e simulável. O seu principal objetivo é controlar a complexidade.

O processo de modelização é uma abordagem metodológica bem estruturada que visa representar e explicar os dados qualitativos de um sistema e as suas interações internas e com o seu ambiente externo, através do desenvolvimento de métodos ou linguagens de modelização concetual para atingir um objetivo claramente identificado [79].

A aplicação deste processo exige, por conseguinte, a utilização de certos métodos de modelação adequados. Estes métodos de modelação são geralmente classificados e agrupados em cinco famílias: modelação funcional, modelação da decisão, modelação dos recursos, modelação da informação e modelação mista. De facto, para a análise e a modelação de sistemas complexos, existem diferentes categorias de métodos clássicos, bem como uma multiplicidade de domínios de aplicação [80].

2.1. Modelação funcional

A modelização orientada para as funções consiste em descrever as funções, as actividades e o processo concebido de uma empresa. Os métodos de modelação funcional representam as interações entre funções e actividades, descrevendo as informações trocadas entre elas e os recursos utilizados, e decompõem-nas de forma organizada e detalhada para compreender melhor o funcionamento de uma empresa [81].

Foram utilizados vários métodos para analisar e modelar as funções, incluindo o SADT, a família IDEF e as redes de Petri.

2.1.1. O método SADT

O SADT (Structured Analysis and Design Technique), também conhecido por IDEF0 (Integration Definition for Function modelling), é um método desenvolvido por Doug Ross em 1977, nos Estados Unidos, e introduzido na Europa em 1982 por Michel Galiner. Durante os anos 80, este método tornou-se um dos padrões para a descrição gráfica de sistemas complexos, graças à sua abordagem descendente da análise funcional. O SADT/IDEF0 é um método gráfico que pode ser utilizado para descrever sistemas complexos compostos por vários fluxos de materiais e de trabalho, quer sejam automatizados, servo-controlados ou incorporem aspectos informáticos. Adopta uma abordagem do geral ao específico para uma análise estruturada e completa dos sistemas.

Um sistema é descrito sob a forma de uma série coerente de diagramas. O diagrama de nível mais elevado representa o objetivo do sistema técnico. Cada diagrama de nível inferior define as subfunções do sistema e as suas relações e disposições no sistema. Por convenção, o nível mais elevado é designado por A-0. Este nível A-0 é dividido em n caixas A1, A2, ...An [82].

2.1.2. O método IDEF

O IDEF representa a série de métodos de modelação funcional desenvolvidos pelo Departamento de Defesa dos EUA a partir dos anos 60: IDEF0 (modelação baseada em actividades), IDEF2 (modelos para simulação) e IDEF3 (captura de descrições de processos) [83].

O método IDEF0 foi desenvolvido com referência ao método SADT para analisar e comunicar o aspeto funcional de um sistema e descrever os processos sob a forma de um modelo hierárquico [84]. É utilizado para modelar as actividades e as suas inter-relações de uma organização ou de um sistema [85]. Estas actividades podem ser decisões tomadas, informações comunicadas ou recursos utilizados [81].

O método IDEF2 é utilizado para modelar um sistema que funciona com filas de espera. Este método responde às insuficiências do método SADT/IDEF0 em termos de análise dinâmica de um sistema deste tipo. Com efeito, consiste em modelar o sistema físico e o seu controlo, os fluxos de entidades e a gestão dos recursos [86].

O IDEF3 preenche as lacunas deixadas pelo IDEF0 em termos de modelização dos fluxos de controlo das empresas [87]. Consiste em descrever graficamente os processos ou actividades e as transições dos objectos utilizados num sistema [84]. Por outro lado, não permite a gestão de recursos e fluxos de materiais e centra-se na modelação de processos segundo uma metodologia bem encadeada, com ênfase nas ligações lógicas [86].

2.1.3. Placas de Petri

As redes de Petri podem ser utilizadas para modelizar o funcionamento e a disfunção de um sistema complexo de forma precisa e rigorosa [88]. De facto, podem substituir os métodos de modelização funcional e disfuncional numa empresa. Baseiam-se em modelos de transição de estados [89]. Estas redes representam graficamente a evolução de um sistema de produção. Descrevem o estado dos produtos antes e depois da execução de cada tarefa.

Os investigadores R. Abbou et al (2003) [90] utilizaram o modelo de redes de Petri para modelar uma cadeia de produção dinâmica, integrando políticas de manutenção. As redes apresentadas podem ser adaptadas aos problemas de concorrência, sincronismo, paralelismo e partilha de recursos, e tratam uma vasta gama de dados relativos ao sistema de produção [91].

Por outro lado, as redes de Petri serão ilegíveis quando se trata de modelizar um sistema complexo e serão mal compreendidas por pessoas inexperientes [88].

2.2. Modelação do Business Intelligence

O objetivo desta abordagem é fornecer uma descrição detalhada das decisões a tomar num horizonte temporal bem definido e em função das actividades. De facto, a decisão é uma interface entre a estratégia e a operação no sistema [92].

Os métodos de modelização orientados para a decisão mais conhecidos são o GIM e a sua origem GRAI, originalmente desenvolvidos no laboratório de investigação GRAI da Universidade de Bordéus no início dos anos 80 [93].

2.2.1. O método GRAI

O método GRAI (Graphs of Interrelated Results and Activities) é um modelo concetual utilizado como referência no domínio dos sistemas de produção. Integra os princípios do pensamento sistémico com as teorias das actividades discretas e da gestão da produção.

O sistema de decisão é responsável pela gestão das decisões de controlo de um sistema físico, e estes dois sistemas interagem com um terceiro sistema, o sistema de informação, para a comunicação.

O sistema de decisão é decomposto em dois eixos, um eixo vertical ligado à natureza das decisões e um eixo horizontal ligado ao tipo de decisões [94].

A grelha GRAI permite distinguir as ligações de dependência funcional (representadas por uma seta dupla, implicando a transmissão de uma instrução ou de um objetivo) das ligações informativas (representadas por uma seta simples, implicando a transmissão de um fluxo de informação) entre centros de decisão.

O principal objetivo desta modelização é assegurar a sincronização das actividades a cada nível e a coordenação das decisões entre os diferentes níveis.

2.2.2. O método GIM

O GIM (GRAI Integrated Methodology) é um método de modelação de empresas baseado principalmente em três métodos: GRAI, IDEF0 e Merise. As principais ferramentas e formalismos utilizados no GIM são o IDEF0 para a visão funcional e o modelo físico, as grelhas e redes GRAI para o modelo de decisão e o formalismo entidade-relacionamento para o modelo de informação [95].

A GIM aborda quatro perspectivas distintas:

- A vista Informação, que trata de dados e conhecimentos.
- A visão Decisão, que se centra nas cadeias de atividade e nos centros de decisão.
- A vista Física, que abrange os recursos físicos.
- A vista Função, que trata da decomposição funcional.

O GIM propõe uma abordagem a três níveis:

- O nível concetual, que visa definir as necessidades tal como são percebidas pelos utilizadores.

- O nível estrutural, que consiste em definir uma solução tecnológica validada pelos utilizadores.
- O nível de realização, que descreve a implementação, tendo em conta os aspectos organizacionais, as tecnologias da informação e as tecnologias industriais e de fabrico.

O GIM não tem uma linguagem de modelação específica, mas baseia-se em formalismos existentes, como o Merise, as redes GRAI, o IDEF0, o IDEF3 e o modelo relacional. Além disso, o GIM adopta uma abordagem metodológica em duas partes, uma concetual e outra tecnológica, para orientar as suas intervenções.

2.3. Modelação de recursos

Os métodos de modelização orientados para os recursos permitem a descrição dos recursos necessários para a realização de uma atividade, tendo em conta as restrições à atribuição desses recursos. São especializados na gestão dos recursos, desde a sua aquisição até à sua utilização, mas sem compreender o seu funcionamento [96].

Os métodos de modelação de recursos incluem a abordagem multiagente, a metodologia PERA e a linguagem MOVES.

2.3.1. A abordagem multiagente

A abordagem multiagente tem como objetivo programar e gerir um sistema industrial complexo utilizando uma abordagem de modelização de recursos ou de conceção de funções. Este método está próximo de uma abordagem de análise sistémica. Aceita a personalização e a decomposição do sistema em entidades inter-relacionadas consideradas como agentes físicos (máquinas, ferramentas, etc.) e agentes funcionais (gestão de stocks, gestão da produção, gestão da manutenção, etc.). Estes agentes são capazes de controlar as suas reacções e interações em função dos seus estados e objectivos [87].

Podem ser entidades físicas ou virtuais competentes que comunicam entre si e interagem com o seu ambiente. Podem reproduzir-se utilizando os seus próprios recursos e fornecendo serviços. Esta abordagem metodológica baseia-se nas seguintes fases: análise, especificação, conceção, implementação e exploração. Permite decompor o sistema em subsistemas de decisão, de informação e operacionais, mantendo as suas inter-relações e identificando os recursos necessários [83].

2.3.2. Método PERA

PERA é uma metodologia de engenharia para ambientes industriais, desenvolvida pelo Prof. Williams. Williams. A arquitetura divide-se em cinco fases [97]:

- Uma fase de concetualização que consiste na identificação (definição do âmbito do estudo) e na conceção (descrição da missão, da visão e dos valores da empresa).
- Uma fase de definição durante a qual são definidos os requisitos de implementação, bem como as tarefas, os módulos e as macrofunções necessárias para satisfazer esses requisitos e, por último, os diagramas de ligação entre as tarefas, os módulos e as macrofunções.
- Uma fase de conceção que se divide numa fase de conceção funcional (especificação das primeiras escolhas para a arquitetura do sistema de informação, a organização humana e a parte operacional) e numa fase de conceção detalhada

(descrição dos pormenores correspondentes às informações fornecidas na conceção funcional).

- Uma fase de instalação e de construção, que consiste em pôr em prática as decisões tomadas durante as fases anteriores em termos de instalação e de teste das bases de dados e dos programas, de formação do pessoal e de instalação dos equipamentos.
- Uma fase operacional e de manutenção, que corresponde à instalação efectiva e à atualização do sistema.

2.3.3. A linguagem MOVES

À semelhança da MECI (Modélisation d'Entreprise pour la Conception Intégrée), desenvolvida no âmbito do projeto AICOSCOP para propor um método de ajuda à conceção de sistemas de produção, a linguagem de modelização MOVES consiste em representar os recursos humanos de uma empresa em função das suas competências e das suas implicações na análise do desempenho da empresa. De facto, permite a descrição hierárquica das competências individuais ou colectivas dos actores da empresa, capazes de realizar todas as actividades em condições ambientais bem estudadas, com vista a certificar a unidade organizacional e de desempenho da empresa. No entanto, esta técnica está principalmente orientada para a definição dos conceitos a utilizar para modelizar os sistemas [97].

2.4. Modelação da informação

A arquitetura da informação é constituída por uma combinação de estruturas fixas e de objectos com ciclos de vida curtos [98].

Os métodos de modelação da informação destinam-se a modelar o sistema de informação da empresa e a processá-lo, como demonstram o método OLYMPIOS, as linguagens unificadas, etc. Asseguram a circulação da informação sobre os processos, as funções, os recursos e a organização da empresa. Algumas linguagens foram desenvolvidas para responder a esta necessidade, como a UML, a UEML e a IEM.

2.4.1. A linguagem UML

A UML (Unified Modified Language) é o resultado da fusão dos métodos Booch, OMT (Object Modelling Technique) e OOSE (Object Oriented Software Engineering) [99].

O UML foi amplamente aceite graças a um consenso generalizado. Muitos intervenientes industriais adoptaram o UML e contribuem para o seu desenvolvimento. Num curto espaço de tempo, tornou-se uma norma essencial.

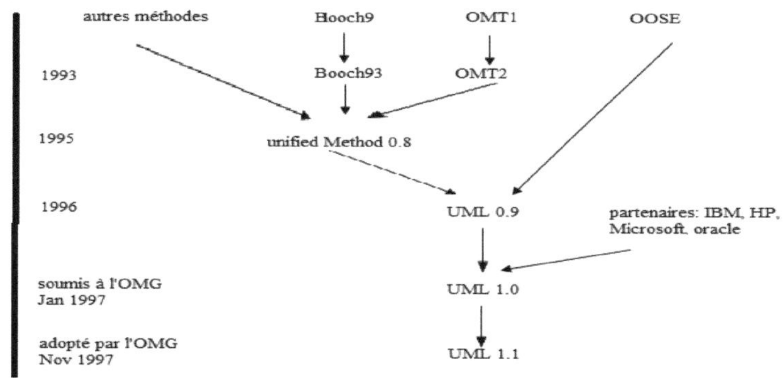

Figura 14História da criação da UML

A UML é uma linguagem visual composta por uma coleção de diagramas que oferecem diferentes pontos de vista sobre o projeto a abordar. Com a UML, dispomos de diagramas para representar o software a desenvolver, incluindo o seu funcionamento, a sua implementação, as acções que pode realizar, etc.

Os diagramas de uma linguagem UML são hierarquicamente dependentes e complementam-se entre si, de modo a que um projeto completo possa ser modelado e analisado. Desde o UML 2.3, existem catorze. A figura seguinte mostra a localização hierárquica de um diagrama UML [100].

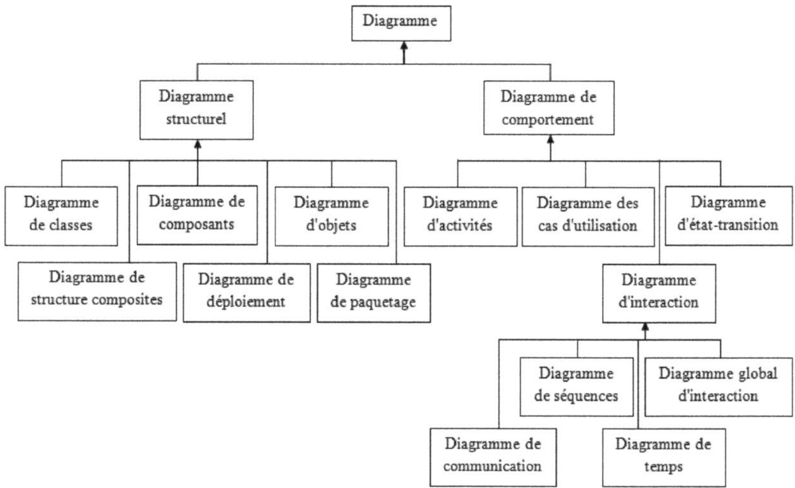

Figura 15Localização hierárquica de um diagrama UML [91].

A compreensão da UML pode ser complexa porque tem várias facetas:

- Trata-se de uma norma.
- É uma linguagem de modelação de objectos.
- Serve como meio de comunicação.
- Fornece um quadro metodológico.

Os elementos ou diagramas da linguagem não são definidos matematicamente, o que torna impossível verificar matematicamente a consistência semântica de um diagrama UML. Além disso, podemos deparar-nos com dois tipos diferentes de diagramas, para descrever o mesmo sistema a partir de dois pontos de vista diferentes. É impossível verificar formalmente a consistência do modelo global [101].

Além disso, a experiência demonstrou que é necessário ultrapassar certos pontos fracos do UML para o tornar uma linguagem eficaz para os engenheiros [102]. Estes pontos incluem

- É necessário incorporar os requisitos no modelo UML e garantir a sua rastreabilidade até à fase de conceção.
- Necessidade de representar elementos não informáticos e de especificar o seu tipo e disciplina.
- Necessidade de representar o desempenho e os atributos físicos.
- Necessidade de especificar tipos de dados para elementos físicos.
- Necessidade de apresentar elementos de modelação explícitos para representar entradas e saídas físicas.
- Necessidade de melhorar a semântica para especificar eventos e ligar o evento à ação.

Voltando às lacunas, a extensão SysML (Systems Modeling Language) nasceu como uma extensão da linguagem orientada para os objectos UML para modelizar todas as etapas da conceção de sistemas complexos e multidisciplinares. A SysML resolve principalmente as lacunas dos outros perfis se for utilizada nas fases a montante da engenharia de sistemas. Além disso, a rastreabilidade é um requisito de conceção visado pela linguagem SysML [91].

2.4.2. A língua UEML

O UEML é um projeto de rede temática financiado pela União Europeia e foi desenvolvido para assegurar o intercâmbio de informações, dados e conhecimentos entre os vários organismos de normalização especializados na modelização e integração de empresas. Este modelo analisa as linguagens operacionais mais utilizadas, mas é utilizado em coordenação com métodos operacionais para a conceção geral de empresas [103].

O desenvolvimento da UEML deve ter em conta os seguintes princípios:

- A língua será definida como um conjunto finito de construções.
- Princípio da separação dos processos e dos recursos.
- Princípio da separação entre o comportamento empresarial e a funcionalidade empresarial.
- Princípio da separação dos recursos e das unidades organizacionais.

É importante esclarecer um ponto: o nome UEML pode evocar a UML, mas não se deve confundir as duas. A UML é uma linguagem de modelação geral utilizada principalmente nos sistemas de informação, mas pode ser aplicada de forma mais alargada. A UEML, por outro lado, é uma linguagem especializada especificamente dedicada à modelação empresarial. Baseia-se em conceitos familiares aos utilizadores empresariais.

2.4.3. O método IEM

O IEM é um método genérico de modelação orientado para os objectos [84] para descrever a informação e as funções dos objectos num sistema de produção, com referência aos modelos IDEF0 e CIMOSA [101]. Ao contrário do método IDEF0, o IEM permite apresentar os três estados das entradas e saídas de uma atividade: encomenda, produto e recursos [87].

A técnica IEM permite modelar processos discretos e estudar as interações entre recursos e elementos de controlo para a execução de actividades [84]. Permite organizar facilmente os processos, registar os dados e facilitar a produção e a circulação da informação [104].

Por outro lado, não permite a representação de interações pormenorizadas para sistemas discretos complexos. Apresenta deficiências na comunicação de problemas entre os projectistas de sistemas e os simuladores [84].

2.5. Modelação mista

Uma abordagem metodológica mista é aquela em que o investigador integra dados e métodos quantitativos e qualitativos no mesmo estudo.

Esta técnica de modelação estuda os modelos de organização, de recursos e de processos de informação, e analisa quantitativamente o funcionamento de uma empresa e do seu sistema de produção [81].

Embora abranjam vários aspectos e estudem vários sistemas (funcionais, informacionais, de recursos e organizacionais) numa empresa, os métodos de modelação mista não podem modelar sistemas de tomada de decisão.

2.5.1. O método CIMOSA

O método CIMOSA, desenvolvido pelo consórcio AMICE no âmbito dos projectos ESPRIT [83], modela os diferentes domínios da empresa (recursos, organização, função, informação) e concebe um sistema de produção global de forma mais pertinente (Figura 26) [104]. Integra dois sistemas incoerentes e torna-os homogéneos, unificando semanticamente os conceitos dos diferentes sistemas [105]. É o método de modelação mais utilizado, representando as diferentes visões [106] e recursos essenciais à execução do processo [87]. Além disso, este método não esquematiza as actividades e os processos e não se adapta diretamente à simulação [84]. Em vez disso, descreve-os utilizando uma linguagem formal para a modelação integrada dos diferentes aspectos da empresa [86]. O CIMOSA foi utilizado para desenvolver certos métodos de modelização, como o ARIS, que se baseia na engenharia de software e na modelização concetual e organizacional de sistemas integrados, e o CENENV40003, que formula mais precisamente os princípios fundamentais da modelização de empresas [107].

A arquitetura em questão compreende um quadro de modelação, uma plataforma de integração e uma metodologia de intervenção. O quadro de modelação, designado por "cubo CIMOSA", assenta em três princípios fundamentais e independentes, representados pelos três eixos do cubo.

- O eixo da genericidade pode ser dividido em três níveis distintos:
    - O nível genérico, que define os elementos de base da linguagem de modelação, designados por "constructos".
    - O nível parcial, que oferece estruturas predefinidas e reutilizáveis para domínios de aplicação específicos.
    - O nível específico, que engloba os modelos específicos da empresa.

Os níveis genérico e parcial constituem a arquitetura de referência CIMOSA, sob reserva de uma eventual normalização.

- O eixo do modelo, também conhecido como eixo de derivação, propõe uma classificação em três níveis de modelação:
    - Definição das necessidades, o que implica a elaboração de especificações.
    - O nível de especificação da conceção, que implica uma análise concetual das soluções em resposta às necessidades expressas.
    - O nível de descrição da aplicação, que exige uma descrição pormenorizada da solução escolhida.
- O eixo de visão, também conhecido como eixo de geração, define a empresa a partir de quatro perspectivas distintas:

- A visão das funções, que diz respeito às funcionalidades e ao comportamento da empresa em termos de processos, actividades e operações.
- A visão da informação, que descreve o sistema de informação da empresa.
- A visão dos recursos, que abrange os recursos necessários para implementar as funções da empresa.
- A visão organizacional, que descreve a distribuição das responsabilidades e da autoridade no processo de tomada de decisões.

Cada vista oferecida pela estrutura de modelação CIMOSA não é um submodelo isolado, mas sim um filtro separado para interpretar a informação contida no modelo.

2.5.2. O método GERAM

Baseado nos famosos modelos CIMOSA, GRAI/GIM e PERA, o meta-método GERAM desenvolveu, de forma mais relevante, conceitos organizados e inter-relacionados para a modelação integrada de empresas [103]. Trata-se de uma metodologia de engenharia empresarial baseada nos métodos PERA e GIM, que apresenta o ciclo de vida de um sistema com base no PERA e descreve as diferentes perspectivas da empresa utilizando aspectos do método CIMOSA [104]. O GERAM tem sete elementos metodológicos inter-relacionados que admitem uma metodologia (EEM), uma linguagem (EML), uma estrutura (CEMC), um modelo (PEM e EM), ferramentas (EET) e módulos de engenharia empresarial (EMO) [84].

Com base no método GERAM, o investigador John Zachman desenvolveu o método Zachman, que apresenta um quadro geral de arquitetura. No entanto, embora o GERAM contribua para a unificação de duas abordagens distintas da integração empresarial: abordagens orientadas para o produto e abordagens orientadas para o processo, não recomenda a utilização de métodos ou ferramentas específicos para modelar todos os aspectos da empresa [108].

3. Conclusão

Depois de termos explorado a fundo a complexidade e a interconexão de uma rede inteligente através de uma modelização aprofundada, o passo seguinte será otimizar a gestão da energia no seio deste sistema. Com efeito, o objetivo final destas infra-estruturas de nova geração é garantir a distribuição eficiente, fiável e sustentável da eletricidade. A capacidade de controlar dinamicamente os fluxos de energia, de equilibrar a produção e o consumo, de antecipar os picos de procura e de integrar harmoniosamente as energias renováveis será decisiva.

Capítulo 4:
Técnicas de gestão óptima da energia

Capítulo 4: Técnicas de gestão óptima da energia

1. Introdução

Como a produção de energia das fontes renováveis é intermitente e depende de várias condições incontroláveis, é necessário um sistema de gestão eficiente para tomar decisões sobre a melhor utilização da energia. Uma estratégia óptima de gestão da energia deve resultar num sistema eficiente, fiável e rentável [109].

A questão da eficiência económica é uma das principais preocupações no planeamento de projectos de energias renováveis. A baixa eficiência económica é um dos principais argumentos apresentados contra as fontes de ER. A solução com os melhores benefícios económicos é geralmente a que é implementada. Os aspectos técnicos ou ecológicos são frequentemente considerados de importância secundária [5].

Os componentes de um sistema multi-fonte devem satisfazer vários requisitos:

- Satisfazer as necessidades de eletricidade das habitações.
- Otimização dos custos energéticos ao longo de todo o ciclo de vida.
- Minimizar os custos económicos globais do sistema.

Para atingir estes objectivos, o utilizador precisa de ter dados sobre a procura de carga e os recursos de ER ao longo de vários anos, bem como dados económicos e técnicos [110].

Por conseguinte, o dimensionamento é uma fase necessária para qualquer sistema de energia solar, a fim de identificar a potência e a capacidade necessárias para as diferentes fontes e outros dispositivos de conversão de energia e para satisfazer da melhor forma os requisitos do sistema, tendo simultaneamente em conta o local onde estes estão instalados e os custos de construção do sistema de acordo com o pior perfil de missão possível [111].

O dimensionamento e a otimização da energia estão intimamente ligados, no sentido em que o dimensionamento de um sistema energético deve ser optimizado para minimizar o consumo de energia e maximizar a eficiência energética.

Há décadas que os engenheiros utilizam métodos de otimização para otimizar a conceção e o dimensionamento dos dispositivos HS, dos seus componentes e, por vezes, até dos seus sistemas de controlo [52].

De seguida, discutimos as principais ferramentas de dimensionamento descritas na literatura, bem como os métodos habitualmente utilizados para otimização no domínio do dimensionamento de CC e as suas operações associadas às redes inteligentes.

2. As principais ferramentas de dimensionamento

Existem vários pacotes de software para dimensionamento e simulação de sistemas energéticos híbridos [112], incluindo HOMER, SOMES, Hybrid2, RAPSIM, PVsyst e INSEL. Todos estes pacotes de software podem ajudar a determinar a dimensão óptima de cada componente de um SH em função de vários parâmetros, como a procura de energia, a disponibilidade de fontes de energia, a fiabilidade do sistema e o orçamento disponível, mas as suas estratégias de otimização são diferentes.

2.1. HOMEM

O HOMER (Hybrid Optimization of Multiple Energy Resources), desenvolvido pelo National Renewable Energy Laboratory (NREL), é um pacote de software para modelação e dimensionamento de sistemas híbridos de energias renováveis. É uma ferramenta poderosa, graças à sua capacidade de modelar diferentes fontes de energia renováveis, de utilizar algoritmos de otimização para determinar a dimensão óptima do sistema e de fornecer relatórios detalhados sobre o desempenho do sistema [113].

Os seus muitos pontos fortes incluem

- É capaz de modelizar uma vasta gama de fontes de energia renováveis, incluindo solar, eólica, hídrica, biomassa e hidrogénio. Tem também em conta os geradores a gasóleo e as baterias para fornecer uma solução de armazenamento de energia.
- Efectua uma análise da fiabilidade do sistema para identificar os riscos de falha e determinar as salvaguardas necessárias para garantir a fiabilidade do sistema.
- Uma interface de fácil utilização que facilita a modelação do HS, o ajuste dos parâmetros e a visualização dos resultados.
- $_2$Gerar relatórios detalhados sobre o desempenho do sistema, incluindo custos, produção de energia, procura de energia, estado de carga da bateria, emissões de CO e resultados da otimização.

2.2. Híbrido2

O pacote de software Hybrid2 é uma ferramenta de fácil utilização para realizar análises económicas e de desempenho detalhadas a longo prazo numa grande variedade de sistemas híbridos de energia. O Hybrid2 é um modelo informático probabilístico que utiliza dados de séries temporais para cargas, velocidade do vento, insolação solar, temperatura e o sistema de energia concebido ou selecionado pelo utilizador, para prever o desempenho do sistema de energia híbrido [114]. As variações da velocidade do vento e da carga em cada passo de tempo são tidas em conta nas previsões de desempenho. O código não tem em conta as flutuações do sistema a curto prazo causadas pela dinâmica do sistema ou pelos transientes dos componentes.

O Hybrid2 permite ao utilizador :

- Efetuar uma análise detalhada dos sistemas potenciais, tendo em conta uma grande variedade de dados, desde impostos a informações sobre a carga.
- Ter uma interface de utilizador fácil de utilizar, para que possam ver os resultados da simulação, ajustar os parâmetros e gerar relatórios.
- Analisar o impacto de diferentes cenários de utilização de energia.

2.3. SUMOS

Desenvolvido pela Universidade de Utrecht, nos Países Baixos, o SOMES (System Optimization for Multi-Energy Systems) é um pacote de software de simulação e otimização para sistemas multi-energia.

O SOMES pode ser utilizado para modelar e otimizar sistemas energéticos complexos, tendo em conta várias fontes de energia, como as energias renováveis (solar, eólica, hídrica), sistemas de armazenamento de energia, geradores convencionais (térmicos, diesel, gás) e redes de distribuição de eletricidade.

A simulação é efectuada numa base horária. O sistema ótimo é procurado comparando os custos de vários sistemas, dentro dos limites definidos pelo utilizador [20].

As suas principais caraterísticas são :

- Modelação e simulação de várias fontes de energia para um determinado sistema energético. Os dados meteorológicos, os parâmetros geográficos e os perfis de carga dos utilizadores são tidos em conta na simulação.
- A utilização de algoritmos de otimização para encontrar a combinação ideal de cada componente do sistema energético, como a dimensão e a capacidade dos geradores de energia, os sistemas de armazenamento e as redes de distribuição.
- Formulação de uma análise económica completa dos custos do sistema energético, incluindo os custos de equipamento, de manutenção e de exploração.

2.4. RAPSIM

O RAPSIM (Renewable Energy Alternative Production Simulation), desenvolvido pelo Instituto de Investigação Energética da Universidade de Murdoch, na Austrália, é um pacote de software de dimensionamento e simulação para sistemas de energias renováveis.

O dimensionamento ótimo é obtido por tentativa e erro. Os utilizadores alteram os parâmetros do sistema (número de baterias, turbinas eólicas, potência dos geradores a gasóleo) e avaliam o resultado para escolher a melhor solução para as suas necessidades [20].

As principais caraterísticas do RAPSIM são as seguintes

- A capacidade de modelar diferentes tipos de componentes para sistemas de ER, incluindo painéis solares, turbinas eólicas, geradores a gasóleo, baterias e inversores.
- A utilização de algoritmos de simulação para modelar o comportamento de cada componente do sistema de ER e para estimar a produção de energia.
- Dimensionamento dos diferentes componentes do sistema de energias renováveis, tendo em conta as necessidades energéticas do sistema e os condicionalismos ambientais.
- O RAPSIM fornece uma análise económica completa do sistema de ER, incluindo os custos de equipamento, manutenção e funcionamento.

2.5. PVsyst

O PVsyst (Photovoltaic System Analysis Software) é um software de dimensionamento de painéis solares que pode ser utilizado para obter informações como a produção de energia, a irradiação e o custo de instalação, a área de superfície necessária e a produção anual de energia. Um modo avançado permite obter muito mais informações para um estudo muito completo [115]. Para uma ou mais instalações ligadas à rede ou autónomas, o PVsyst pode ser utilizado para obter a configuração óptima após um estudo técnico e económico.

Permite-lhe :

- Fornecer uma análise económica completa dos sistemas fotovoltaicos, incluindo os custos de instalação, manutenção e funcionamento, bem como as poupanças obtidas através da utilização da energia solar.

- Integrar dados meteorológicos para o local de instalação a partir de fontes em linha, como o Meteonorm, ou de dados medidos no local.
- Utilizar modelos matemáticos avançados para simular a produção de energia de sistemas fotovoltaicos em função das condições climatéricas, das caraterísticas do local e dos parâmetros do sistema.

2.6. INSEL

O INSEL (Integrated Simulation Environment Language), desenvolvido pela Universidade de Oldenburg na Alemanha, é um pacote de software de simulação e dimensionamento para sistemas de ER, incluindo fotovoltaicos, turbinas eólicas e sistemas de armazenamento de energia. Permite aos utilizadores criar uma estrutura utilizando a sua biblioteca com um tempo de execução especificado [116]. Este software de simulação tem a flexibilidade de criar modelos e configurações de sistemas para planeamento e monitorização de sistemas de energia eléctrica e térmica.

As suas vantagens são :

- Fornece uma análise económica completa do sistema de ER, incluindo os custos de equipamento, manutenção e funcionamento, bem como as poupanças obtidas através da utilização de ER.
- Tem a sua própria base de dados de parâmetros meteorológicos de quase 2000 locais em todo o mundo, sistemas fotovoltaicos, sistemas térmicos e outros equipamentos.
- Utiliza algoritmos de simulação para modelar o comportamento de cada componente do sistema de ER e para estimar a produção de energia.

3. Métodos de otimização energética

A otimização é a procura da melhor solução entre um grande número de soluções possíveis. O principal objetivo da otimização na relação custo-eficácia dos SH, incluindo as fontes de produção e mesmo os seus componentes associados, é determinar um conjunto de parâmetros, a topologia e o número de unidades utilizadas para satisfazer determinadas especificações e objectivos sob restrições de conceção, tais como a potência, a eficiência, o volume e o custo [52].

Existem muitos métodos de otimização energética, cada um com as suas vantagens e desvantagens, e podem ser classificados em duas famílias principais: métodos determinísticos e métodos estocásticos, como mostra a Figura 28.

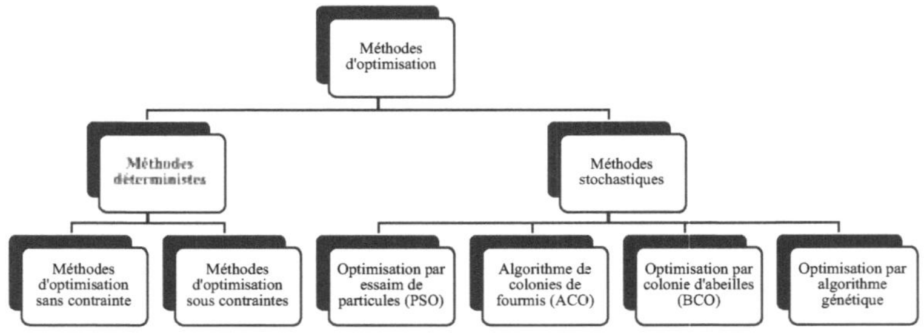

Figura 16Classificação de alguns métodos de otimização

3.2. Métodos determinísticos

A otimização determinística, ou otimização por programação matemática, inclui algoritmos que dependem fortemente da álgebra linear, uma vez que se baseiam geralmente no cálculo do gradiente. A otimização determinística tem vantagens e desvantagens. A vantagem mais notável é que a convergência para uma solução é muito mais rápida do que a otimização utilizando algoritmos estocásticos [117].

Têm a vantagem de fornecer resultados exactos e determinísticos que podem ser facilmente interpretados.

As suas limitações residem na sua dependência da solução inicial, na sua sensibilidade a erros ou imprecisões nos dados de entrada e nas limitações dos modelos matemáticos utilizados, que podem ser limitados na sua capacidade de representar a realidade com exatidão.

Existem dois aspectos principais na otimização determinística: a otimização sem restrições e a otimização com restrições [52].

3.2.1. Métodos de otimização sem restrições

Os métodos de otimização determinística sem restrições procuram encontrar o valor ótimo de uma função objetivo sem ter em conta as restrições. Estes métodos são frequentemente utilizados para otimizar funções contínuas, diferenciáveis e unimodais [118], [119].

Citamos as seguintes abordagens:

- Método de Newton.
- O método de descida do gradiente.
- O método quasi-Newton.
- O método de Levenberg-Marquardt.

Estes métodos de otimização determinística sem restrições são frequentemente simples e eficazes para resolver problemas relativamente simples. No entanto, podem ser limitados pela sua capacidade de convergir rapidamente para uma solução óptima, particularmente para funções objetivo que não sejam convexas ou que tenham vários mínimos locais.

3.2.2. Métodos de otimização condicionada

Os métodos de otimização determinística condicionada são utilizados para encontrar a melhor solução possível para um problema, satisfazendo ao mesmo tempo determinadas restrições.

Eis algumas abordagens à otimização com restrições:

- Método da barreira logarítmica.
- Método de programação quadrática sequencial.
- Método da região de confiança.
- O método Lagrangiano.

3.3. Métodos estocásticos

A otimização estocástica inclui métodos de otimização em que o acaso está presente no procedimento de pesquisa. Esta é uma definição bastante geral de otimização estocástica, na qual o acaso pode ser incluído de muitas formas [117].

Os métodos de otimização estocástica são utilizados para resolver problemas de otimização em que os dados são aleatórios ou imprecisos. Estes métodos são frequentemente utilizados para problemas de elevada dimensão ou para problemas que não podem ser resolvidos de forma eficiente utilizando métodos determinísticos.

3.3.1. Otimização por algoritmo genético

O algoritmo genético é uma técnica de otimização baseada no princípio da seleção natural para a reprodução e para várias outras operações, como o cruzamento e a mutação [120].

Os algoritmos genéticos são métodos de otimização. O seu nome deriva da evolução biológica dos seres vivos no mundo real. Procuram simular o processo de seleção natural num ambiente desfavorável, com base na teoria da evolução proposta por C. Darwin. Por exemplo, os "indivíduos" mais bem adaptados tendem a viver o tempo suficiente para se reproduzirem, enquanto os mais fracos tendem a desaparecer [121].

Funciona com base no princípio da seleção dos melhores e do descarte dos restantes. Esta seleção combina uma estratégia de sobrevivência do mais apto com uma troca de informações aleatória mas estruturada [122].

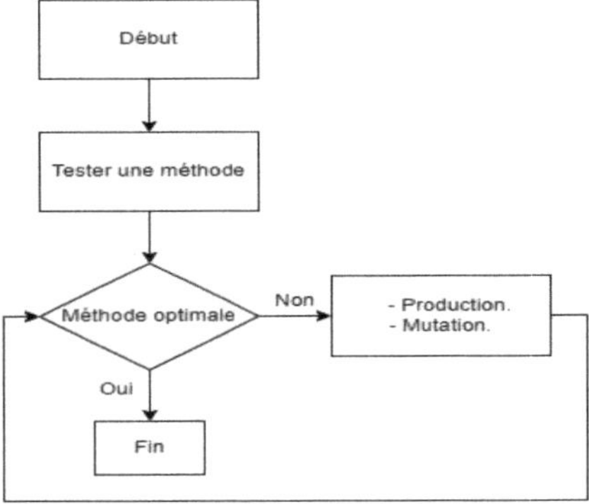

Figura 17Processo de procura de um método ótimo utilizando um algoritmo genético

Um algoritmo genético procura encontrar os pontos óptimos de uma função definida num espaço de dados. Para o utilizar, são necessários cinco elementos [123]:

- O princípio da codificação do elemento da população: segue-se geralmente a uma fase de modelização matemática do problema a tratar. O sucesso dos algoritmos genéticos depende da qualidade da codificação dos dados.
- Um mecanismo para gerar a população inicial. Este mecanismo deve ser capaz de produzir uma população não homogénea de indivíduos que servirá de base para as gerações futuras.
- Uma função a otimizar que devolve um valor de R+ designada por função "objetivo".

- Operadores para diversificar a população ao longo das gerações e explorar o espaço de estados (cruzamento e mutação).
- Parâmetros de dimensionamento: tamanho da população, número total de gerações ou critério de paragem, probabilidades de aplicação dos operadores de cruzamento e mutação.

3.3.2. Otimização por enxame de partículas (PSO)

A otimização por enxame de partículas (PSO) é um método de otimização heurística inspirado no comportamento de enxames de aves ou insectos para resolver problemas de otimização. O PSO baseia-se na simulação de um enxame de partículas que se deslocam através de um espaço de pesquisa, explorando diferentes soluções possíveis.

Quando as aves se juntam coletivamente, apresentam um belo padrão coordenado. Seguem um modelo comportamental em que cada agente segue três regras [124] :

- Separação: cada agente tenta afastar-se do seu vizinho se ambos estiverem demasiado próximos em relação à separação entre agentes vizinhos.
- Alinhamento: alinham-se em linha reta ou em formação paralela.
- Coesão: cada agente tenta posicionar-se no meio entre os seus vizinhos.

O objetivo é encontrar a melhor solução possível, minimizando ou maximizando uma determinada função objetivo. Os parâmetros-chave do PSO incluem o número de partículas, a função de aptidão, a velocidade máxima permitida, o fator de inércia e os coeficientes de aceleração.

3.3.3. Algoritmo de colónia de formigas

O Algoritmo de Colónia de Formigas (ACA) é inspirado no comportamento de forrageamento das colónias de formigas. As formigas seguem os rastos de feromonas deixados por outras formigas para encontrar fontes de alimento e levar o alimento para a colónia.

Quanto mais longo for o percurso, menor será a deposição de feromona, e quanto mais curto for o percurso, maior será a deposição de feromona [125].

As soluções possíveis são representadas por caminhos num gráfico, em que cada nó representa uma fase da solução e cada aresta representa a transição entre duas fases.

As formigas artificiais são geradas para percorrer o grafo seguindo os rastos de feromona deixados por outras formigas. A probabilidade de uma formiga seguir uma determinada aresta é uma função da quantidade de feromona depositada nessa aresta e da distância entre os nós [126].

Os principais parâmetros da ACA incluem a quantidade de feromona depositada pelas formigas, a taxa de evaporação da feromona, o fator de decisão da formiga e o fator de visibilidade da borda.

3.3.4. Otimização por colónia de abelhas (BCO)

A otimização de colónias de abelhas (BCO) é um método de otimização heurística inspirado no comportamento de procura de alimentos das colónias de abelhas. As abelhas utilizam um processo de seleção natural para encontrar fontes de alimento e trazê-las de volta para a colmeia.

O BCO utiliza este princípio para resolver problemas de otimização, simulando o comportamento das abelhas para encontrar soluções óptimas. As soluções possíveis são representadas por posições num espaço de pesquisa, em que cada posição representa uma solução potencial [127], [128].

As abelhas artificiais são geradas para explorar o espaço de pesquisa utilizando movimentos locais e globais. Os movimentos locais são realizados em torno da posição atual da abelha, enquanto os movimentos globais são realizados através da exploração de novas regiões do espaço de pesquisa.

As principais etapas do algoritmo da abelha virtual para a otimização de funções são as seguintes [129] :

- ➢ Criação de uma população de abelhas virtuais, cada uma com um vetor de solução e vários parâmetros a otimizar.
- ➢ Codificação das funções de otimização e conversão em alimentos virtuais.
- ➢ Definição de um critério para transmitir a direção e a distância a outras abelhas de uma forma semelhante à aptidão física das abelhas (a dança das abelhas).
- ➢ Atualizar uma população de indivíduos em novas posições para a procura virtual de alimentos, fazendo a dança virtual para definir a distância e a direção.
- ➢ Descodificar os resultados para obter a solução do problema.

Estes diferentes métodos de otimização energética oferecem vantagens e desvantagens em função da complexidade e da natureza do sistema a otimizar. Os investigadores e engenheiros escolhem frequentemente o método de otimização mais adequado em função dos seus objectivos e das limitações do seu sistema.

4. Investigação sobre métodos de otimização energética

Os pesquisadores S. Bera et al. (2014) [130] propuseram neste artigo um sistema de contagem inteligente energeticamente eficiente para minimizar o consumo de energia dos contadores inteligentes para uma rede de comunicação inteligente e ecológica.

Numa rede inteligente, os contadores inteligentes devem ser a tecnologia fundamental para apoiar o intercâmbio bidirecional de informações entre os prestadores de serviços e os utilizadores finais. A crescente procura de contadores inteligentes (clientes residenciais e veículos eléctricos híbridos plug-in) resultaria num enorme consumo de energia, enquanto comunicam com as entidades da rede inteligente. Por conseguinte, as tecnologias de comunicação sem fios ecológicas devem ajudar a reduzir o seu impacto no ambiente.

Os investigadores incorporaram a utilização do jogo de coligação formado por múltiplas coligações entre contadores inteligentes para comunicar com o fornecedor de serviços. E mostraram que existe uma condição estável das coligações para as quais os valores de ganho dos contadores inteligentes são maximizados. Os resultados da simulação mostram que, utilizando a abordagem proposta, o consumo de energia dos contadores inteligentes pode ser reduzido, o que, por sua vez, permitiria uma comunicação sem fios ecológica na rede inteligente.

Os investigadores Z. Abdmouleh et al. (2017) [131] forneceram uma análise dos fatores ambientais, económicos, tecnológicos, técnicos e regulamentares que levaram ao crescente interesse na integração da produção distribuída, em combinação com uma visão geral dos desafios a serem superados. Por último, foram revistos todos os métodos significativos que aplicam técnicas de otimização à integração da produção distribuída a partir de fontes de energia renováveis. É discutido um resumo dos actuais algoritmos de otimização heurística com listas Pro-Con, a fim de identificar potenciais novas vias para métodos híbridos que ainda não foram explorados.

Os investigadores Y. Zheng et al. (2018) [132] desenvolveram um algoritmo de transferência de carga baseado em programação linear económica com um modelo de controlo preditivo para minimizar o custo operacional de um sistema de microrrede baseado na combinação de calor e energia com biomassa. O modelo gere simultaneamente a oferta e a procura de energia eléctrica e térmica como variáveis de decisão. Desenvolveram também um algoritmo para otimizar o desvio de carga em função da produção de energia renovável e da tarifa horária. Como exemplo ilustrativo, foi analisado um estudo de caso para uma aplicação concetual de uma microrrede ligada à rede de distribuição em Davis, Califórnia. Para os pressupostos utilizados, o algoritmo de transferência de carga proposto melhorou o desempenho da microrrede, modificando o modelo de carga e reduzindo o custo de funcionamento em 6,06% e aumentando a fração de energia renovável em 6,34%, em comparação com o caso convencional de transferência de vácuo. Utilizaram a simulação de Monte Carlo para avaliar as incertezas entre as ER, a procura e os pressupostos económicos, gerando uma função de densidade de probabilidade para o custo da energia.

Os investigadores X. Jiang et al (2020) [133] propuseram um algoritmo de programação de energia baseado na rendibilidade das casas inteligentes, para melhorar a eficiência e a satisfação dos consumidores em termos de consumo. Neste método proposto, é introduzida uma definição de rendibilidade para a programação de energia residencial. Os custos de consumo dos consumidores são modelados como uma função dos pagamentos de eletricidade e do desconforto dos utilizadores. Os investigadores também conceberam um par de parâmetros para um compromisso entre o desconforto do utilizador e o seu pagamento de eletricidade, para modelar a rentabilidade como uma função da preferência do consumidor. Desenvolveram um algoritmo de programação de energia baseado na rentabilidade, utilizando uma abordagem de programação fraccionada. Analisaram e discutiram quatro modelos de consumo. Os resultados mostram que o método proposto pode efetivamente melhorar a eficiência do consumo e a satisfação dos consumidores, reduzindo simultaneamente os custos. É demonstrado que o desconforto e o pagamento extra podem afetar o comportamento de consumo dos consumidores e suavizar as suas curvas de perfil de consumo.

Os investigadores M.M. Rashid et al (2020) [134] propuseram uma estratégia para melhorar a energia e o custo do sistema para os consumidores residenciais. Desenvolveram um algoritmo eficiente de gestão de energia (PMA) com sistemas de energia renovável (RES) e sistemas de armazenamento de energia (ESS). Executaram o PMA usando software C++. Os benefícios das FER e ESS com as técnicas de PMA propostas são analisados utilizando três cenários. Os investigadores realizaram estudos de caso extensivos para validar a eficiência energética e a minimização de custos propostas. Demonstraram que o método proposto pode poupar energia e custos até 34% e 45% em comparação com o método existente.

Os investigadores X. Huang, et al (2021) [135] propuseram um algoritmo de localização de nós de redes de sensores sem fios (MA*-3DDV-Hop) que integra o algoritmo A* melhorado e o algoritmo 3DDV-Hop. No MA*-3DDV-Hop, começaram por otimizar o número de saltos dos nós e depois corrigiram o erro de distância média por salto. Em seguida, adoptaram o algoritmo genético de ordenação não dominada com otimização multi-objetivo (NSGA-II) para otimizar localmente as coordenadas. Após a seleção, o cruzamento e a mutação, obtém-se a solução óptima de Pareto, o que evita os problemas de convergência prematura e de fraca convergência dos algoritmos existentes. Também reduz o erro no cálculo das coordenadas e aumenta a precisão da localização dos nós na rede de sensores sem fios. Para três cenas aleatórias diferentes, os investigadores mostraram, através de simulação, que o algoritmo MA*-3DDV-Hop tem melhor robustez e maior precisão de localização do que o 3DDV-Hop, o PSO-3DDV-Hop, o GA-3DDV-Hop e o N2-3DDV-Hop.

5. Conclusão

A otimização da gestão da energia no âmbito das redes eléctricas inteligentes representa um desafio central para responder aos desafios energéticos e ambientais do futuro. Graças aos notáveis avanços nos domínios dos sensores, das comunicações e da automatização, estas infra-estruturas inteligentes oferecem um potencial considerável para controlar os fluxos de energia de forma dinâmica e optimizada.

Como explorámos anteriormente, existem vários métodos de otimização que podem ser implementados, desde algoritmos de programação a técnicas de aprendizagem automática e abordagens de otimização multiobjectivo. Cada método tem as suas vantagens e limitações, e a escolha das soluções mais adequadas dependerá em grande medida do contexto específico da rede em causa.

Conclusão geral

A utilização excessiva de combustíveis fósseis conduziu a numerosos problemas energéticos e ambientais, pondo em causa a adoção de energias renováveis. A fim de integrar eficazmente as energias renováveis nas redes eléctricas, é essencial uma transição para as redes inteligentes. Para além da sua modelização, que é uma etapa essencial devido à sua complexidade, as GS não podem ser totalmente eficazes sem uma estratégia de otimização energética.

Felizmente, os progressos significativos em matéria de modelização, simulação e otimização abrem novas perspectivas promissoras. Como vimos, as abordagens sistémicas, as técnicas de inteligência artificial e os métodos de otimização multiobjectivo permitem hoje compreender melhor a complexidade destas redes eléctricas de nova geração e melhorar consideravelmente a sua gestão.

Mais do que simples avanços técnicos, estamos a assistir a uma verdadeira revolução na sociedade. Os consumidores, que antes eram simples utilizadores passivos, tornam-se agora actores dinâmicos, capazes de produzir e gerir a sua própria energia. As fronteiras tradicionais entre produção, distribuição e consumo estão a desaparecer, abrindo caminho a novos modelos económicos e a novas formas de governação.

Em última análise, é a visão de um sistema energético sustentável, resiliente e inclusivo que está a tomar forma. Um sistema onde as tecnologias de ponta se combinam com novas formas de organização para enfrentar os desafios da transição ecológica. Um sistema que coloca as pessoas no centro das suas preocupações, ao serviço de uma sociedade mais justa e mais respeitadora do seu ambiente.

Resumo

A diminuição dos recursos de combustíveis fósseis, o aumento da procura global de energia e a necessidade de reduzir o impacto ambiental das emissões de gases com efeito de estufa são desafios importantes que exigem soluções eficazes. Neste contexto, o desenvolvimento das energias renováveis e a gestão da procura estão a surgir como alternativas promissoras. Para responder a estes desafios, são necessárias estratégias inteligentes para gerir a produção de energia, regular a sua integração na rede eléctrica e manter um equilíbrio constante entre a oferta e a procura.

Neste livro, começámos por analisar as questões energéticas e os problemas colocados pela utilização maciça de combustíveis fósseis. Destacámos a importância das energias renováveis, que representam uma solução radical para os problemas climáticos e a escassez de energia. Em seguida, explicámos a necessidade de utilizar sistemas de energia híbridos para compensar o carácter intermitente das energias renováveis e garantir um fornecimento de energia estável e eficaz. Em seguida, procedeu-se a um estudo pormenorizado destes sistemas híbridos.

Esta hibridação conduziu a uma transformação das redes eléctricas tradicionais em redes inteligentes. Para o efeito, foi realizado um novo estudo sobre este tipo de rede. Dada a complexidade destas redes inteligentes, é essencial modelizá-las para as prever e instalar corretamente. Assim, no terceiro capítulo, abordámos os métodos de modelização para fornecer uma base sólida a estas técnicas.

Falar de redes eléctricas inteligentes significa também falar de gestão optimizada da energia, que é a chave para tornar estas redes mais eficientes e rentáveis. Por isso, no final do livro, preparámos uma revisão da literatura sobre as diferentes técnicas e algoritmos de otimização energética.

Este livro é apenas um vislumbre de um vasto campo de investigação sobre as redes eléctricas do futuro.

Resumo

O declínio dos recursos energéticos fósseis, o aumento da procura global de energia e a necessidade de reduzir o impacto ambiental das emissões de gases com efeito de estufa são desafios importantes que exigem soluções eficazes. Neste contexto, o desenvolvimento das energias renováveis e o controlo da procura afiguram-se como alternativas promissoras. Para responder a estes desafios, são essenciais estratégias inteligentes para gerir a produção de energia, regular a sua integração na rede eléctrica e manter um equilíbrio constante entre a oferta e a procura.

Neste trabalho, começámos por estudar as questões energéticas e os problemas colocados pela utilização maciça de combustíveis fósseis. Destacámos assim a importância das energias renováveis, que representam uma solução radical para evitar os problemas climáticos e a falta de energia. Em seguida, explicámos a necessidade de utilizar sistemas de energia híbridos para compensar a intermitência das energias renováveis e garantir um fornecimento de energia estável e eficaz. Por conseguinte, foi efectuado um estudo pormenorizado destes sistemas híbridos.

Esta hibridação conduziu a uma transformação das redes eléctricas tradicionais em redes inteligentes. Para o efeito, foi realizado um outro estudo sobre este tipo de rede. Dada a complexidade destas redes eléctricas inteligentes, a sua modelização é essencial para as prever e instalar corretamente. Assim, no terceiro capítulo, estudámos os métodos de modelização para fornecer uma base sólida sobre estas técnicas.

Falar de redes inteligentes implica também falar de gestão optimizada da energia, que é a chave para tornar estas redes mais eficientes e rentáveis. Por conseguinte, no final do trabalho, desenvolvemos um estudo bibliográfico sobre as diferentes técnicas e algoritmos de otimização energética.

Este trabalho é apenas uma panorâmica de um domínio muito vasto relacionado com as redes eléctricas do futuro.

Referências

Referências

[1] Apresentação das energias renováveis, disponível em: http://www.energies-renouvelables.org, [consultado em janeiro de 2022].

[2] J. El Khaldi, L. Bouslimi, H. Wertani & M.N. Lakhoua, "Overview on modeling and management of Smart Grids", Independent Journal of Management & Production (IJM&P), v. 12, n. 5, julho-agosto 2021.

[3] P. Asantewaa Owusu & S. Asumadu-Sarkodie, "A review of renewable energy sources, sustainability issues and climate change mitigation", Cogent Engineering, 3:1, 2016.

[4] La production d'électricité d'origine renouvelable dans le monde, Observatoire des énergies renouvelables, Rapport technique, disponível em: http://www.energies-renouvelables.org/observ-er/html/inventaire/Fr/preface.asp, [consultado em fevereiro de 2021].

[5] M. Mouhamed AL Anfaf, "Contribution à la modélisation et l'optimisation de systèmes énergétiques multi-sources et multi-charges", tese de doutoramento, Ecole Doctorale "Sciences et Ingénierie Ressources Procédés Produit Environnement" de l'Université de Lorraine, julho de 2016.

[6] Y. Saleem, N. Crespi, M. Husain Rehmani & R. Copeland, "Smart Grid auxiliada pela Internet das coisas: tecnologias, arquitecturas, aplicações, protótipos e futuras direcções de investigação", IEEE, 2019.

[7] Y. Yan, Y. Qian, H. Sharif & D. Tipper, " A Survey on Smart Grid Communication Infrastructures: Motivations, Requirements and Challenges" (2013). Publicações da Faculdade do Departamento de Engenharia Eletrotécnica e de Computadores. 316.5

[8] M. Remy Rigo-Mariani, "Méthodes de conception intégrée " dimensionnement-gestion " par optimisation d'un micro-réseau avec stockage", tese de doutoramento, Institut National Polytechnique de Toulouse, Laboratoire Plasma et Conversion d'Energie, dezembro de 2014.

2[9] AIE, "Global Energy & CO , Status Report 2019", disponível em linha: https://www.iea.org/reports/global-energy-co2-status-report-2019, [consultado em março de 2022].

[10] Aysar M.M. Yasin, "Distributed Generation Systems Based on Hybrid Wind/Photovoltaic/Fuel Cell structures", tese de doutoramento, Università Degli Studi di Catania Scuola Superiore di Catania 2012.

[11] IRENA, "Renewable Energy Statistics 2018", disponível em linha: https://irena.org/-/media/Files/IRENA/Agency/Publication/2019/Jul/IRENA_Renewable_energy_statistics_2018.pdf, [consultado em janeiro de 2021].

12] IRENA, "Renewable Energy Statistics 2019" [Estatísticas das energias renováveis 2019]. Disponível em linha: https://irena.org/-/media/Files/IRENA/Agency/Publication/2019/Jul/IRENA_Renewable_energy_statistics_2019.pdf, [consultado em abril de 2022].

[13] M. Huynh Quang, "Optimisation de la production de l'électricité renouvelable pour site isolé", tese de doutoramento, Université de Reims Champagne-Ardenne, Ecole doctorale STS, 2013.

[14] E. Observ, "La production d'électricité d'origine renouvelable dans le monde", Collection chiffres et statistiques. Nona edição de inventário, 2011.

[15] X. Wen, "Stochastic optimization for generation scheduling in a local energy community under renewable energy uncertainty", Tese, Centrale Lille, Ecole doctorale SPI072, dezembro de 2020.

[16] M. Dahmane, "Gestion, optimisation et conversion des énergies pour habitat autonome", These de Doctorat, Université de Picardie Jules Verne, 2015.

[17] L. Stoyanov, "Etude de Différentes Structures de Systèmes Hybrides à Sources D'énergie Renouvelables", Tese de Doutoramento, Universidade Técnica de Sofia, 2011.

[18] C. Ashari, M. Nayar & C.V. Keerthipala, "Optimum Operation Strategy and Economic Analysis of a Photovoltaic - Diesel - Battery -Mains Hybrid Uninterruptible Power Supply", Renewable Energy, Vol.22, Issues 1-3, pp.247- 254, março de 2001.

[19] T. Zhou, "Commande et supervision énergétique d'un générateur hybride actif éolien incluant du stockage sous forme d'hydrogène et des super-condensateurs pour l'intégration dans le système électrique d'un micro réseau", tese de doutoramento, Ecole Centrale de Lille 2009.

[20] D. Abbes, "Contribution au dimensionnement et à l'optimisation des systèmes hybrides éoliens-photovoltaïques avec batteries pour l'habitat résidentiel autonome", tese de doutoramento, Ecole doctorale des sciences et ingénierie pour l'information, junho de 2012.

[21] M. Dugay, "Wind and solar energy resources in Quebec", relatório de investigação IREC, Institut de recherche en économie contemporaine, dezembro de 2010.

[22] B. Abdelhalim, "Etude et optimisation d'un multi système hybride de conversion d'énergie éléctrique", Université Constantine1, Faculté des sciences de la technologie, março de 2015.

[23] L. Miguel, "Contribution à l'optimisation d'un système de conversion éolien pour une un unité de production isolée," École Doctorale des Sciences et Technologies de l'Information des Télécommunications et des Systèmes, Université Paris Sud, 2008.

[24] L. Croci, "Gestion de l' énergie dans un systeme multi-sources photovoltaique et éolien avec stockage hybride batteries/supercondensateurs", Tese de Doutoramento, Universidade de Poitiers, 2014.

[25] P. Bajpai & V. Dash, "Hybrid renewable energy systems for power generation in stand-alone applications: A review", Renewable and Sustainable Energy Reviews, vol. 16, no.5, pp.2926-2939, 2012.

[26] M. Ashari & C.V. Nayar, "An optimum dispatch strategy using set points for a photovoltaic (pv)-diesel-battery hybrid power system", Solar Energy, 66(1) :1 - 9, 1999.

[27] V. Sark, D. Cocard, P. Beutin, G. Merlo, B. Mohanty, J. van den Akker, A. Idris, A. Firag & A. stWaheed, "The first PV-diesel hybrid system in the Maldives installed at Mandhoo Island", 21 European 178 Photovoltaic Solar Energy Conference, 4-8 de setembro de 2006, Dresden, Alemanha, pp. 3039-3043, 2006.

[28] A. Adiyabat & K. Kurokawo, "Photovoltaic systems for village electrification in Mongolia: Techno-economics analysis of hybrid systems in rural community centres", The International PVSEC-14, Bengkok, Tailand, 2004.

[29] R. Abhinav & N.M. Pindoriya, "Grid Integration of Wind Turbine and Battery Energy Storage System: Review and Key Challenges", IEEE: Power Systems, 2016.

[30] A. Mahesh & K. Singh Sandhu, "Hybrid wind/photovoltaic energy system developments: Critical review and findings", Renewable and Sustainable Energy Reviews 52 (2015) 1135-1147.

[31] D. Saheb-Koussa, M. Haddadi & M. Belhamel, "Economic and technical study of a hybrid system (windephotovoltaicediesel) for rural electrification in Algeria", Appl. Energy 86 (2009) 1024e1030.

[32] D. Saheb-Koussa, M. Koussa, M. Haddadi & M. Belhamel, "Hybrid options analysis for power systems for rural electrification in Algeria", Energy Procedia 6 (2011) 750e758.

[33] A. Haghighat Mamaghani, S. Alberto Avella Escandon, B. Najafi, A. Shirazi & F. Rinaldi, "Techno-economic feasibility of photovoltaic, wind, diesel and hybrid electrification systems for off-grid rural electrification in Colombia", Renewable and Sustainable Energy Reviews, Elsevier, 2016.

[34] M. Junaid Khan, A. Kumar Yadiw & L. Mathew, "Techno economic feasibility analysis of different combinations of PV-Wind-Diesel-Battery hybrid system for telecommunication applications in different cities of Punjab, India", Renewable and Sustainable Energy Reviews, Volume 76, September 2017, Pages 577-607.

[35] S. Malu, "Modelling, Control and Simulation of a Microgrid based on PV System, Battery System and VSC", Tese, Escola Tècnica Superior d'Enginyeria Industrial de Barcelona, 2018.

[36] R.H. Lasseter, "Micro-grids" (geração distribuída de energia), IEEE Power Engineering Society Winter Meeting, Vol.01, pp.146-149, Columbus, Ohio, fevereiro de 2014.

[37] R.H. Lasseter, "Micro-grids", IEEE Power Engineering Society Winter Meeting, Vol.01, pp. 305-308, Nova Iorque, NY, 2015.

[38] S. Ali, Z. Zheng, M. Aillerie, J.P. Sawicki, M.C. Péra & D. Hissel, "A Review of DC Microgrid Energy Management Systems Dedicated to Residential Applications". Energies 2021, 14, 4308.

[39] E. Planas, J. Andreu, J.I. Gárate, I. Martínez de Alegría & E. Ibarra, "AC and DC Technology in Microgrids: A Review". Renew. Sustain. Energy Rev. 2015, 43, 726-749.

[40] A. Egea, A. Junyent, O. Gomis, "Active and Reactive Power Control of Grid Connected Distributed Generation Systems", Green Energy and Technology. Heidelberg: 2011, pp 47-81.

[41] General microgrids, what is a microgrid, disponível em linha: https://www.generalmicrogrids.com/about-microgrids, [consultado em novembro de 2021].

[42] A. Houari, "Contribution à l'étude de micro-réseaux autonomes alimentés par des sources photovoltaïques", tese de doutoramento, Universidade de Lorraine, 2012.

[43] H. Fakham & B. Francois, "Power Control Design of a Battery Charger in a Hybrid Active PV Generator for Load-Following Applications", IEEE Transactions on Industrial Electronics, vol. 58, no. 1, pp. 85 - 94, Jan. 2011.

[44] G-Y. Choe, J-S. Kim, B-K. Lee, C-Y. Won & T-W. Lee, "A Bi-diretional Battery Charger for Electric Vehicles Using Photovoltaic PCS Systems", em: Conferência sobre Potência e Propulsão de Veículos (VPPC), 2010, pp. 1 - 6, Set. 2010.

[45] M. Vandenbergh, S. Beverungen, B. Buchholz, H. Colin, N. Ketjoy, F. Kininger, D. Mayer, J. Merten, J. Reekers, P. Strauss1, T. Suwannakum & X.Vallvé, "Expandable Hybrid Systems for Multi-User MiniGrids", em: Use of Electronic-Based Power Conversion for Distributed and Renewable Energy Sources, 2008.

[46] X. Wu, Z. Wang, T. Ding & Z. Li, "Hybrid AC/DC Microgrid Planning with Optimal Placement of DC Feeders" (Planeamento de microrredes híbridas CA/CC com colocação óptima de alimentadores CC). Energies 2019, 12, 1751.

[47] N. Yang, B. Nahid-Mobarakeh, F. Gao, D. Paire, A. Miraoui & W. Liu, "Modeling and Stability Analysis of Multi-Time Scale DC Microgrid", Electr. Power Syst. Res. 2016, 140, 906-916.

[48] H. Wertani, "Contribution à l'analyse et à la modélisation systémique d'un réseau électrique intelligent", tese de doutoramento, Universidade de Cartago, Escola Nacional de Engenharia de Cartago, Laboratório de Investigação sobre Eletricidade Inteligente e TIC, 2022.

[49] M. Chebbo, "EU smart grids framework: electricity networks of the future 2020 and beyond", em Proc. IEEE Power Engineering Society General Meeting, Tampa, FL, junho de 2007, pp.1 - 8

[50] S. Arup, S. Neogi, R.N. Lahiri, S. Chowdhury, S.P. Chowdhury & N. Chakraborty, "Smart Grid initiative for power distribution utility in India", IEEE Power and Energy Society General Meeting, 2011.

[51] E. Santacana, B. Husain, F. Pinnekamp & P. Halvarsson, "Let there be intelligent light - the future highways of clean, safe and sustainable electricity", Power Grids of the Future, Vol.1, No.10, 2010.

[52] I. Tegani, "Optimisation et contrôle d'un micro Smart Grid utilisant une pile à combustible, des supercondensateurs, des batteries, une éolienne et une source photovoltaïque", Tese de Doutoramento, Université Mohamed Khider Biskra, Faculté des sciences et de la technologie, 2016.

[53] B. Spandana, "Smart Grid Technologies for Efficiency Improvement of Integrated Industrial Electric System", *University of New Orleans Theses and Dissertations*. 115, 2011.

[54] R. Abdelouahab & B. Smail, Estudo do armazenamento de energia SMES em redes inteligentes, 2016.

[55] R. Glaa, "Sur la modélisation, le contrôle et la supervision d'un réseau intelligent d'électricité", tese de doutoramento, Université de Carthage, Ecole Nationale d'Ingénieurs de Carthage, Laboratoire de recherche électricité intelligente & TIC, 2019.

[56] R. M. Badreddine, "Gestion énergétique optimisée pour un bâtiment intelligent multi sources multi-charges : différents principes de validations", tese de doutoramento, Universidade de Grenoble, 2012.

[57] G. Guillaume, "Optimisation de la diffusion de l'energie dans les smart grid", tese de doutoramento, Université de Versailles-Saint Quentin en Yvelines, 2014.

[58] O. Mosbahi & M.Khalgui, "New solutions for optimal power productions, distribution and consumption in smart grids", International Journal Modelling, Identification and Control, Vol.26, no. 2, 2016.

[59] Y. Kabalu, "A survey on smart metering and smart grid communication", Renewable and

Sustainable Energy Reviews, 2016.

[60] S. Arup, S. Neogi, R.N. Lahiri, S. Chowdhury, S.P. Chowdhury & N. Chakraborty, "Smart

Grid initiative for power distribution utility in India", IEEE Emerging trends in Electrical and

Engenharia Eletrónica, 2011.

[61] S. Arup, S. Neogi, R.N. Lahiri, S. Chowdhury, S.P. Chowdhury & N. Chakraborty, "Smart Grid initiative for power distribution utility in India", IEEE Power and Energy Society General Meeting, Detroit, MI, USA, pp. 1-8, doi: 10.1109/PES.2011.

[62] S.R. Depuru et al, "Smart metres for power grid, Challenges issues advantages status", IEEE PES Power Systems Conference and Exposition, 2011.

[63] M.L. Tuballa & M.L. Abundo, "A review of the smart grid technologies", Renewable and Sustainable Energy Reviews, 2016.

[64] P. Siano, "Demand response and smart grid-A survey", Renewable and Sustainable Energy Reviews, pp.461-478, 2014.

[65] C. Neureiter, M. Uslar, D. Engel & G. Lastro, "A standards-based approach for domain specific modelling of smart grid system architectures, "11th System of Systems Engineering Conference, 2016.

[66] H.A. M. Abumeteir, "A proposed SCADA system to improve the conditions of the electricity sector in Gaza Strip", Thesis,The Islamic University Of Gaza, 2012.

[67] M. Ourahou, W. Ayrir & B. EL Hassouni, "Review on smart grid control and reliability in presence of renewable energies: Challenges and prospects," Mathematics and Computers in Simulation, 2018.

[68] L. Hong, Z. Hong-lei, C. Wen-ting, Y. Jian-cheng, Z. Shi-yu & W. Bo, "Analysis of structure of intelligent park multi-level energy transfer model," TENCON 2015 - 2015 IEEE Region 10 Conference, Macau, 2015, pp. 1-6,

[69] A. Chabaud, "Micro-réseau intelligent pour la gestion des ressources énergétiques", tese de doutoramento, Ecole doctorale énergie environnement Perpignan, 2014.

[70] Y. Cunjiang, Z. Huaxun & Z. Lei, "Architecture design for smart grid", Energy Procedia 2012, 17, 1524-1528.

[71] S. Goel & D. Bakken, "Smart Grid of the future: vision for year 2030", IEEE Vision for Smart Grid Control: 2030 and Beyond Roadmap. IEEE; Piscataway, NJ, EUA: 2013. pp. 1-12.

[72] M.E. El Hawary, "The smart Grid: State of the art and future trends", Electric Power Components and Systems, 42(3-4):239-250, 2014.

[73] M.L. Tuballa & M.L. Abundo, "A review of the development of Smart Grid technologies", Renewable and Sustainable Energy Reviews, Elsevier, Volume 59, junho de 2016, Páginas 710-725.

[74] S. Howell, Y. Rezgui, J.L. Hippolyte, B. Jayan & H. Li, "Towards the next generation of smart grids: Semantic and holonic multi-agent management of distributed energy resources", Renew. Sustain. Energy Rev. 2017, 77, 193-214.

[75] S. Kakran & S. Chanana, "Smart operations of smart grids integrated with distributed generation: A review", *Renew. Sustain. Energy Rev.* 2018, *81*, 524-535.

[76] Y. Ming, X. Zhang & X. Shen, "Efficient Privacy-Preserving Multi-Dimensional Data Aggregation Scheme in Smart Grid", IEEE Access. 2019; 7:32907-32921.

[77] D. Tang, Y.P. Fang, E. Zio & J.E. Ramirez-Marquez, "Resiliência de redes eléctricas inteligentes a ataques de preços falsos na rede social" IEEE Access. 2019; 7:80491-80505.

[78] K. Nasraoui, M.N. Lakhoua, & L. El Amraoui, L, "Estudo e análise de micro rede inteligente utilizando a linguagem de modelação SysML". Em 2017, Conferência Internacional sobre Sistemas de Conversão de Energia Verde (GECS) (pp. 1-8). IEEE, março de 2017.

[79] P. Bernus, O. Noran & J. Riedlinger, "Using the Globemen Reference Model for Virtual Enterprise Design in After Sales Service", CiteSeerx: Scientific Literature Digital Library and Search Engine, 15, 2007.

[80] J. El Khaldi, L. Bouslimi, A. Balti & M.N. Lakhoua, "Study and analysis of the methods of the enterprise modeling", Design Engineering, issue: 1/pages: 2945/2948/ 2022.

[81] M. Rahmouni & M.N.Lakhoua, "using function and decision models for enterprise restructuring", STA, monastir, 2010.

[82] H. Mathieu. "Modélisation conjointe de l'infrastructure et des processus pour l'administration pro-active de l'entreprise distribuée", tese de doutoramento, Ecole Doctorale informatique et information pour la société, 2004.

[83] S. Galland, "Approche multi-agents pour la conception et la construction d'un environnement de simulation en vue de l'évaluation des performances des ateliers multi-sites", tese de doutoramento, Saint-Etienne, 2001.

[84] J. Ryan & C. Heavey, "Process modeling for simulation", Elsevier, computers in industry, 14, 2006.

[85] J. Shin, J. Joo, J. Choi, S.H. Han & C. Hyunbo, "A prototype virtual reality system through IDEF modeling for product configuration and analysis," International Journal of Industrial engineering, 11, 2000.

[86] M. Lauras, "Méthodes de diagnostic et d'évaluation de performance pour la gestion de chaine logistique", Toulouse: Institut National Polytechnique, 2004.

[87] S. Sperandio, "Usage de la modélisation multi-vue d'entreprise pour la conduite des systèmes de production", tese de doutoramento, Bordeaux 1, 2009.

[88] V. Augusto, "Modélisation, analyse et pilotage de flux en milieu hospitalier à l'aide d'UML et des réseaux de Petri", tese de doutoramento, Saint-Etienne, 2008.

[89] A. Demri, A. Charki, F. Guérin, P. Kahn & H. Christofol, "Analyse qualitative et quantitative d'un système mécatronique", 4th International Conference on Computer Integrated Manufacturing, (p. 14), 2007.

[90] R. Abbou, Z. Simeu-Abazi, & M. Di-Mascolo. "Petri nets for modelling and analysing the performance of a maintenance workshop", MOSIM, (p. 6). Toulouse, 2003.

[91] J. Ben Salem, "Contribution à la modélisation systémique des systèmes mécatroniques. Cas d'un système de freinage ABS", tese de doutoramento, Universidade de Cartago, Escola Nacional de Engenharia de Cartago, 2018.

[92] M. Elhamdi, "modélisation et simulation des chaines de valeurs en entreprise - une approche dynamique des systèmes et aide à la décision", tese de doutoramento, Paris: Ecole Centrale, 2005.

[93] A. Hassan, "Proposition et développement d'une approche pour la maîtrise conjointe qualité/coût lors de la conception et de l'industrialisation du produit", tese de doutoramento, Metz: École Nationale Supérieure d'Arts et Métiers, 2010.

[94] H. Kromm & J. Christophe Deschamps, "Modélisation de processus pour une évaluation par niveaux de détail successifs", Conférence francophone de modélisation et de simulation. Troyes (França), 2006.

[95] P; Boutin, "Définition d'une méthodologie de mise en œuvre et de prototypage d'un progiciel de gestion d'entreprise (ERP). Modélisation et simulation", tese de doutoramento, Ecole Nationale Supérieure des Mines de Saint-Etienne, 2001.

[96] F. Drras, "Proposition d'un cadre de référence pour la conception et l'exploitation d'un progiciel de gestion intégré", tese de doutoramento, Toulouse: Institut national polytechnique de toulouse, 2004.

[97] M. Bennour, "Contribution à la Modélisation et à l'Affectation des Ressources Humaines dans les Processus", Montpellier II, 2004.

[98] A.P. Sage & W.B. Rouse. "Handbook of system engineering and management", EUA: Library of Congress Cataloging-in-publication data, (2009).

[99] B. Henderson, A.L. Parc.Lacayrelle & J.M.VBruel, "formalization of the whole - part relationship in the unified Modeling lnguage", IEEE transactions on software Engineering, 2003.

[100] M. Aouag, "Des diagrammes UML 2.0 vers les diagrammes orientés aspect à l'aide de transformation de graphes", Tese de doutoramento, Universidade de Constantine, Argélia, 2014.

[101] K.D. Nguyen, Z. Sun & P.S. Thiagarajan, "Model-driven design via executable UML to System", School of computing, national university of Singapore, Real-Time Systems Symposium5-8 Dec, pp. 459 - 468, 2004.

[102] S. Turki, "Application du standard IEEE 15288, de l'architecture MDA et du langage SysML à la conception des systèmes mécatroniques", tese de doutoramento, Marseille III, 2008.

[103] B. Vallespir, V. Chapurlat, & C. Brae, "L'intégration en modélisation d'entreprise : les chemins d'U.E.M. L ", MOSIM, (p. 6). Toulouse, 2003.

[104] K. Mertins, & R. Jochem, "Architectures, methods and tools for enterprise engineering", Elsevier, International journal of production economics, 10. 2005.

[105] A. Talbi, A. Hammouche, & C. Tahon, "Analyse de l'entreprise dans une démarche d'intégration", (p. 33). França: APII - JESA, 2002.

[106] J. TOUZI, "Conception d'un système d'information collaboratif dans une approche orienté services", congré, (p. 6). Toulouse, 2006.

[107] A. Abdmouleh, "Composants pour la modélisation des processus métier en productique basés sur CIMOS", tese de doutoramento, Ile du Saulcy: LGIPM - ENIM, 2004.

[108] A. Zaidat, "Spécification d'un cadre d'ingénierie pour les réseaux d'organisations", tese de doutoramento, Saint-Etienne: Ecole Nationale Supérieure des Mines, 2005.

[109] A.K. Traoré, "Gestion d'un système autonome hybride photovoltaïque éolien pour application agricoles", tese de doutoramento, Université du Québec à Trois-Rivières, julho de 2016.

[110] R. Chedid & S. Rahman, "Unit sizing and control of hybrid", IEEE Transactions on Energy Conversion, vol. 12, n.º 11, pp. 79-85, 1997. 12, no. %11, pp. 79-85, 1997.

[111] Y. Gaoua, "Modelos matemáticos e técnicas de otimização não linear e combinatória para a gestão energética de um sistema multi-fonte: para uma implementação em tempo real para diferentes estruturas eléctricas de veículos híbridos", tese de doutoramento, Institut National Polytechnique de Toulouse (INP Toulouse), 2014.

[112] I. Vechiu, "Modélisation et analyse de l'intégration des énergies renouvelables dans un réseau autonome", tese de doutoramento, Universidade do Havre, 2010.

[113] O.H. Mohamed, Y. Amirat, M. Benbouzid, "Particle swarm optimization of a hybrid wind/tidal/PV/battery energy system. Application to a remote area in Bretagne, France", ScienceDirect, Energy Procedia, 162: 87-96, 2019.

[114] A. Mills, S. Al-Hallaj, "Simulation of hydrogen-based hybrid systems using Hybrid2", International Journal of Hydrogen Energy 29:991-999, 2004.

[115] N.M. Kumar, M.R. Kumar, P.R. Rejoice & M. Mathew, "Performance analysis of 100 kWp grid connected Si-poly photovoltaic system using PVsyst simulation tool", ScienceDirect: Energy Procedia 117: 180-189, 2017.

[116] J. Mast, S. Raidle, J. Gerlach & O. Bringmann, "Development of a modelling and simulation methodology for hierarchical energy system scenarios" [Desenvolvimento de uma metodologia de modelação e simulação para cenários de sistemas energéticos hierárquicos], International Journal of Smart Grid and Clean energy, 2019.

[117] M. Cavazzuti, "Optimization Methods: From Theory to Design Scientific and Technological Aspects in Mechanics", Springer Science & Business Media, 2012.

[118] A.F. Izmailov & M.V. Solodov, "Newton-type methods for optimization problems without constraint qualifications", Society for Industrial and Applied Mathematics: Vol. 15, No. 1, pp. 210-228, 2004.

[119] E. Polykarpou & E. Kyriakides, "Parameter estimation for measurement-based load modeling using the levenberg-marquardt algorithm", 18.ª Conferência Eletrotécnica do Mediterrâneo (MELECON), Lemesos, 2016.

[120] G.A. Mary & R. Rajarajewari, "Smart Grid cost optimization using genetic algorithm", IJRET: International Journal of Research in Engineering and Technology, Volume: 03 Special Issue: 07, May-2014.

[121] E. Lutton, "Darwinisme artificiel", INRIA Rocquencourt Equipe Complex Proj et Fractales, 2004.

[122] K. Ouramdane, "Modélisation et optimisation du système d'excitation du groupe turbine-alternateur du simulateur analogique d'Hydro-Québec", Université du Québec en Abitibi-Témiscamingue, maio de 2015.

[123] J.M. Alliot & N. Durand, "Algorithmes génétiques," Centre d'Etudes de la Navigation Aérienne, 2005.

[124] H. Rathore, "Mapping Biological Systems to Network Systems", ed: Springer, 2016.

[125] M. Dorigo and L. M. Gambardella, "Ant colony system: a cooperative learning approach to the traveling salesman problem", Evolutionary Computation, IEEE Transactions on, vol. 1, pp. 53-66. 1, pp. 53-66, 1997.

[126] Z. Chi Su Su Hlang & M. Aye Khin, "Solving traveling salesman problem by using improved ant colony optimization algorithm", International Journal of Information and Education Technology, Vol. 1, No. 5, December 2011.

[127] D. Teodorovié, P. Lucié, G. Markovi & M. Dell orca, "Bee colony optimization: principles and applications", 8th Seminar on Neural Network Applications in Electrical Engineering, NEUREL-2006.

[128] D. Teodorovic, M. Dell' Orco, "Bee Colony Optimization-A cooperative learning approach to complex transportation problems" in Abstracts - of 10th EWGT Meeting and 16th Mini EURO Conference, Poznan, 2005.

[129] S. Mouassa, "Optimisation de l'écoulement de puissance par une méthode métaheuristique (technique des abeilles) en présence d'une source renouvelable (éolienne) et des dispositifs FACTS", Tese de Doutoramento, Université Ferhat Abbas de Sétif 1, 2012.

[130] S. Bera, S. Misra & M.S. Obaidat, "Energy-efficient smart metering for green smart grid communication", Actas da Conferência de Comunicações Globais do IEEE de 2014; Austin, TX, EUA. 8-12 de dezembro de 2014; pp. 2466-2471.

[131] Z. Abdmouleh, A. Gastli, L. Ben-Brahim, M. Haouari & N.A. Al-Emadi, "Revisão das técnicas de otimização aplicadas para a integração da geração distribuída a partir de fontes de energia renováveis", Renew. Energy 2017, 113, 266-280.

[132] Y. Zheng, B.M. Jenkins, K. Kornbluth, A. Kendall & C. Traeholt, "Optimization of a biomass-integrated renewable energy microgrid with demand side management under uncertainty", Applied Energy, Elsevier, Volume 230, 15 de novembro de 2018, Páginas 836-844.

[133] X. Jiang & L. Wu, "Programação de energia residencial com base na eficiência de custos para resposta à demanda em Smart Grid", IEEE Access. 2020; 8:197324-197336.

[134] M.M. Rashid , M.A. Hossain, R. Shah, M.S. Alam, A.K. Karmaker & M. Rahman. "Um esquema de minimização de energia e custo aprimorado para gerenciamento de energia doméstica (HEM) na estrutura de rede inteligente", Procedimentos da Conferência Internacional IEEE 2020 sobre Supercondutividade Aplicada e Dispositivos Eletromagnéticos (ASEMD), Tianjin, China. 16-18 de outubro de 2020; pp. 1-2.

[135] X. Huang , D. Han, M. Cui, G. Lin &X. Yin, "Algoritmo de localização tridimensional baseado em algoritmos A* e DV-Hop aprimorados em rede de sensores sem fio", *Sensors.* 2021; 21:448.

Printed by Books on Demand GmbH, Norderstedt / Germany